国家中等职业教育改革发展示范学校建设项目

电子 CAD 实训

主　编　孙　彤

副主编　尹天明　赵兴云　陈秀文　郑瑞坦　杜庆菊

中国海洋大学出版社
·青岛·

图书在版编目(CIP)数据

电子CAD实训/孙彤主编. —青岛:中国海洋大学出版社,2015.10

ISBN 978-7-5670-1031-4

Ⅰ.①电… Ⅱ.①孙… Ⅲ.①印刷电路－计算机辅助设计－应用软件－教材 Ⅳ.①TN410.2

中国版本图书馆CIP数据核字(2015)第251090号

出版发行	中国海洋大学出版社			
社　　址	青岛市香港东路23号		邮政编码	266071
出 版 人	杨立敏			
网　　址	http://www.ouc-press.com			
电子信箱	peacockjasmine@gmail.com			
订购电话	0532-82032573(传真)			
策　　划	高悦午			
责任编辑	王积庆		电　话	0532-85902349
装帧设计	汇英文化传媒			
印　　制	日照日报印务中心			
版　　次	2015年8月第1版			
印　　次	2015年8月第1次印刷			
成品尺寸	185 mm×260 mm			
印　　张	6.75			
字　　数	148千			
定　　价	19.00元			

Contents 目录

- ☑ 项目一 门铃电路原理图的绘制 ………………………………………………… 1
  - 任务一 认识 Protel DXP 2004 …………………………………………… 2
  - 任务二 Protel DXP 2004 原理图设计环境的设置 ……………………… 12
  - 任务三 元器件的放置和编辑 …………………………………………… 17
  - 任务四 电源符号的使用及导线连接 …………………………………… 26
- ☑ 项目二 模/数转换电路的绘制 …………………………………………………… 31
  - 任务一 绘制模/数转换电路原理图 ……………………………………… 32
  - 任务二 总线的绘制及网络标号的使用 ………………………………… 35
- ☑ 项目三 LED 驱动电路图的绘制 ………………………………………………… 41
  - 任务一 LED 驱动电路图的绘制 ………………………………………… 42
- ☑ 项目四 门铃电路的编译及报表的生成 ………………………………………… 52
  - 任务一 门铃电路的编译及报表的生成 ………………………………… 53
- ☑ 项目五 创建元件库及元器件 …………………………………………………… 62
  - 任务一 74LS 系列元件的设计 …………………………………………… 62
  - 任务二 74LS00 元件的设计 ……………………………………………… 66
- ☑ 项目六 综合实训键盘电路的设计 ……………………………………………… 72
  - 任务一 键盘电路的设计 ………………………………………………… 73

- ☑ 项目七　稳压电源 PCB 板设计 …………………………………………… 76
  - 任务一　创建新的 PCB 文件并规划 PCB 板 ………………………… 77
  - 任务二　稳压电源 PCB 板的设计 …………………………………… 83
- ☑ 附录1　常用原理图元件符号、PCB 封装及所在库 …………………… 94
- ☑ 附录2　Protel DXP 常用快捷键 ………………………………………… 100
- ☑ 参考文献 ……………………………………………………………………… 101

项目一

门铃电路原理图的绘制

项目描述

图 1-1 是一种能发出"叮咚"声的门铃的电路原理图。它是利用一块时基电路集成块 SE555D 和外围元件组成的。要求图纸大小为 A4，水平放置，图纸颜色为白色，边框色为黑色，栅格大小为 10，捕捉大小为 5，电气栅格捕捉的有效范围为 5，系统字体为宋体 12 号黑色。

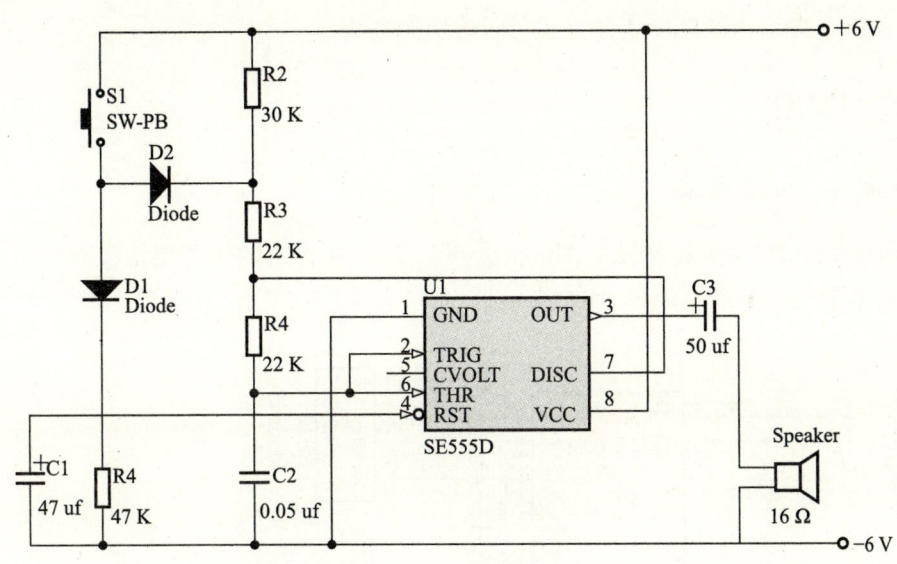

图 1-1　门铃电路原理图

项目目标

1. 理解并掌握绘制原理图的一般步骤
2. 掌握电路原理图图纸参数的设置
3. 掌握元件库的加载和删除
4. 掌握元件的编辑方法（选择、移动、删除、拷贝、粘贴、排列）
5. 掌握元件属性的设置（包括元件序号、名称、封装、标称值等）
6. 掌握导线和电源符号的使用

任务一　认识 Protel DXP 2004

任务描述

通过具体的原理图和印制电路板实例来介绍 Protel DXP 2004 的功能。让学生认识 Protel DXP 的功能及特点，了解 Protel DXP 2004 软件所需要的电脑配置，初步掌握 Protel DXP 的运行，理解 Protel DXP 文件管理方式。

任务目标

1. 熟悉 Protel DXP 2004 的启动方法
2. 了解 Protel DXP 主窗口的组成
3. 熟练掌握打开、新建和保存项目、文件
4. 熟练掌握工作区面板 3 种方式之间的切换方法

任务实施

步骤1：知识准备

Protel DXP 2004 是澳大利亚 Altium 公司于 2002 年推出的一款电子设计自动化软件。它的主要功能包括原理图编辑、印制电路板设计、电路仿真分析、可编程逻辑器件的设计。

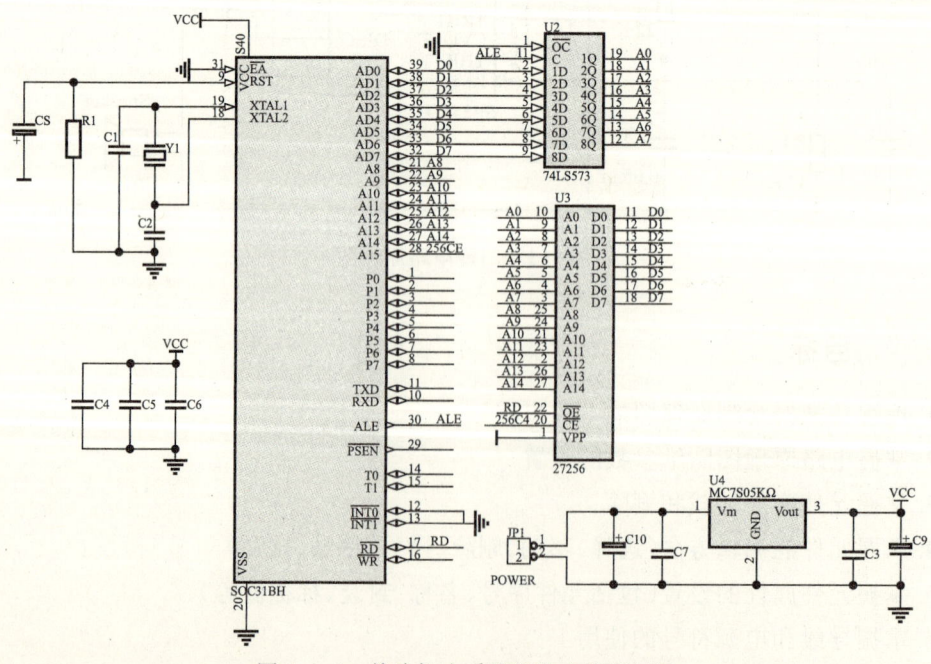

图 1-1-1　单片机小系统部分电路原理图

下面通过具体的原理图和印制电路板实例来介绍 Protel DXP 2004 的功能。

图 1-1-1 是单片机的小系统部分电路原理图,图 1-1-2 是该电路原理图所对应的印制电路板。

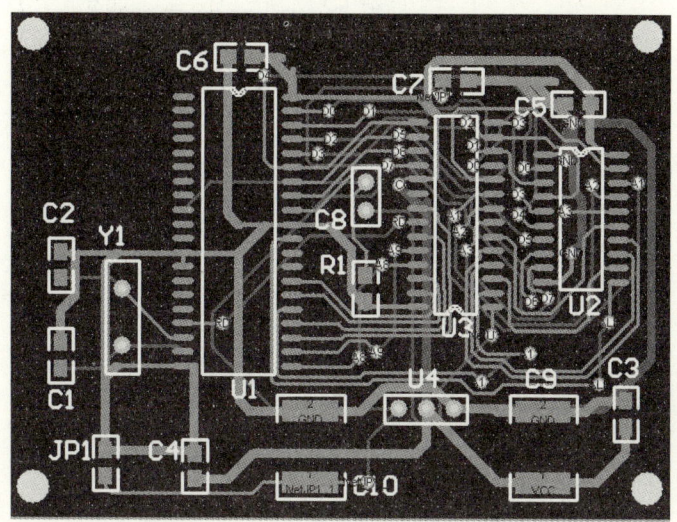

图 1-1-2　单片机小系统部分电路板

一、原理图概述

原理图用于表示电路的工作原理,通常由以下几个部分构成。

1. 元件的图形符号及相关标注

在电路原理图中不仅有元件的图形符号,还有元件的标号、元件的型号、元件的参数以及相关的标注等,如图 1-1-3。

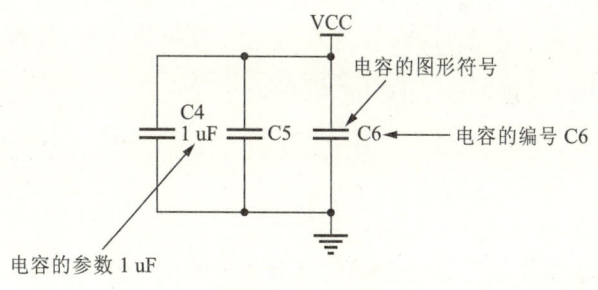

图 1-1-3　示例

2. 连接关系

原理图中的连接关系通常用导线、网络标号、总线等表示,如图 1-1-4 所示。图中有的元件之间是用导线相连的,如电容 C1、C2、C3 之间。有的元件之间是用网络标号相连接的,具有相同名称的网络标号表示是相连的,如元件 U3 的引脚 2 的网络标号是 PC0,而元件 U4 的引脚 3 的网络标号也是 PC0,则表示这两个脚是相连的;当连接的导线数量很多时,可以用总线来表示连接,总线就是多根导线的汇合,如元件 U3 的引脚 2、5、6、9、12、

15、16、19 和元件 U4 的 3、4、7、8、13、14、17、18 对应相连接,则可以用总线来表示。

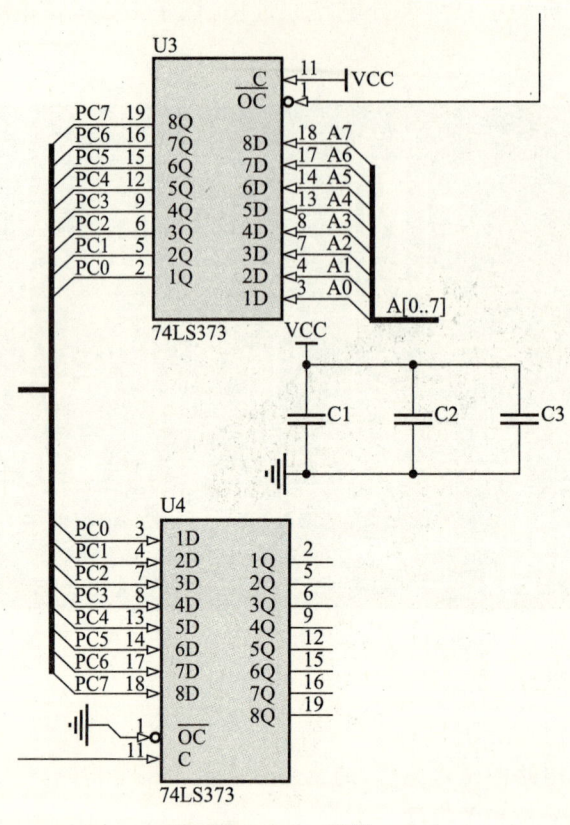

图 1-1-4　示例

3.用于说明电路工作原理的文字标注和图形符号(文字、信号波形示意等)

文字标注和图形符号只是为了使看图者更加方便理解,本身不具有电气效果。系统在对原理图进行电气规则检查时,会检查具有电气效应的元件、导线、总线、网络标号等,而不会检查不具有电气效应的文字标注和波形示意等。

知识链接

元件的图形符号。

元件符号就是用来表示元器件引脚电气分布关系的一个图形标志。它是和现实中的元件相对应的。图 1-1-5 是普通电阻的符号,图 1-1-6 是可变电阻的符号,图 1-1-7 是普通二极管的符号,图 1-1-8 是发光二极管的符号,图 1-1-9 是集成块 74LS373 的符号,图 1-1-10 是数码管的符号。

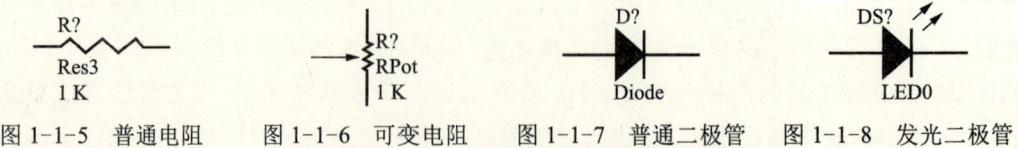

图 1-1-5　普通电阻　　图 1-1-6　可变电阻　　图 1-1-7　普通二极管　　图 1-1-8　发光二极管

同一个器件所对应的图形符号可以有不同种,但是必须保证图形符号所包含的元件引脚信息是正确的,如引脚的数量必须相等,引脚的一些电气属性必须相同,而引脚的位置排列则可以不同。如图1-1-11是元件74LS373的另一种图形符号形式,和图1-1-9比较,引脚数量一样(图1-1-9中,有两个引脚10和20隐藏起来了),但是引脚排列不一样。

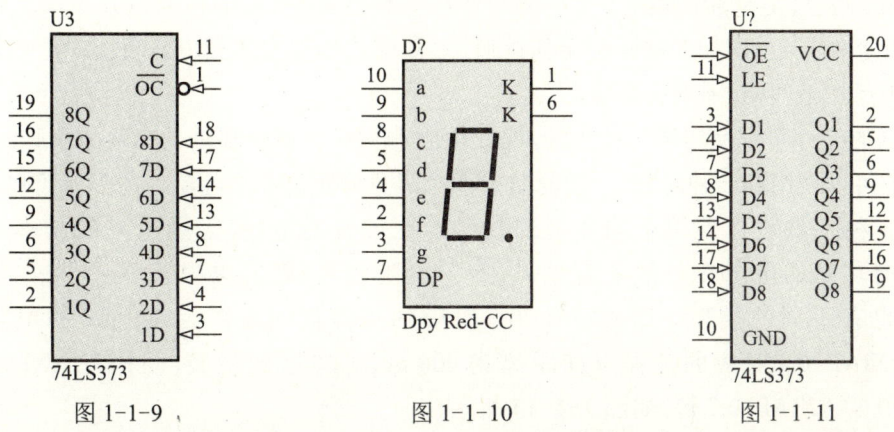

图1-1-9　　　　　　　图1-1-10　　　　　　　图1-1-11

Protel DXP 2004 提供了很多元件库,每个元件库中都包含了成百上千的图形符号,用户在进行原理图设计时,可以从 Protel DXP 2004 所提供的元件库中查找使用所需要的图形符号。如果库中不存在用户所需要的图形符号,用户也可以自己设计图形符号。为了用户使用的方便,本书将 Protel DXP 2004 常用的图形符号列为附录1。

二、电路板概述

1. 电路板的概念

印制电路板(PCB)是以绝缘基板为材料,加工成一定的尺寸,在其上有一个导电图形以及导线和孔,从而实现了器件之间的电气连接。在用户使用电路板时,只需要根据原理图将元件焊接在相应的位置即可。

印制电路板由元件封装、导线、元件孔、过孔(金属化孔)、安装孔等构成,如图1-1-12。

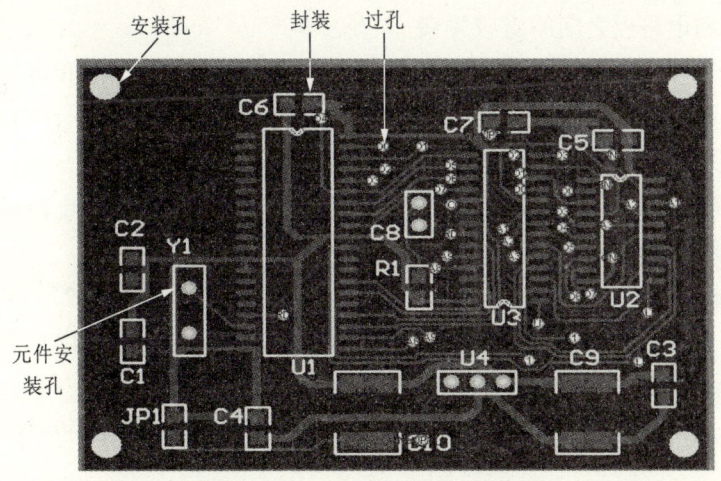

图1-1-12　单片机小系统电路板

2. 元件封装的概念

元件封装指的是实际元器件焊接到电路板上时，在电路板上所显示的外形和焊点位置。图 1-1-13 所示是电阻的插针式封装。

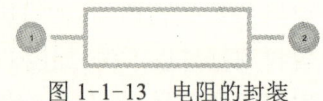

图 1-1-13　电阻的封装

元件封装只是空间的概念，大小要和实际器件匹配，引脚的排布以及引脚之间的距离和实际器件一致，这样在实际使用的时候，才能够将器件安装到电路板上对应的封装位置。如果尺寸不匹配，则无法安装。

不同的元件可以使用同一种封装，比如电阻、电容、二极管都是具有两个引脚的元件，那么它们可以使用同一种封装，只要封装的两个焊盘间距离和实际器件匹配就可以。

同一种元件可以使用不同类型的封装。比如普通电阻，因为电阻的功率不同而导致不同功率的电阻在外形上有差异，有的电阻较大，有的电阻较小，所以电阻对应的封装也有不同的类型。如 AXIAL-0.3 对应的是焊盘间距离为 300 mil 的电阻的封装，而 AXIAL-0.4 对应的是焊盘间距离为 400 mil 的电阻的封装，同样有 AXIAL-0.5、AXIAL-0.6、AXIAL-0.7 等，如图 1-1-14 所示。

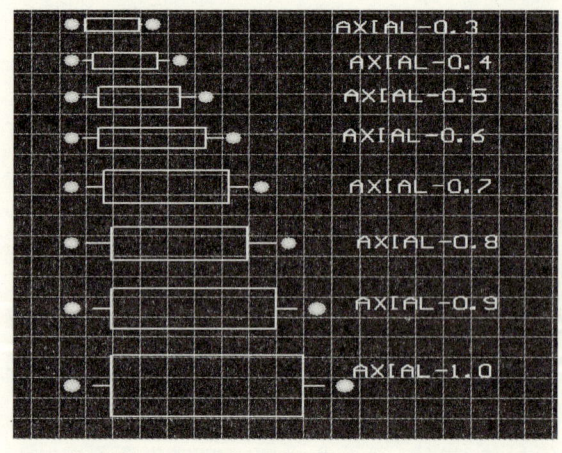

图 1-1-14　电阻所对应的不同封装

3. 原理图和电路板之间的对应关系

通过比较图 1-1-1 和图 1-1-2 可以看出，电路板上的导电图形和电路原理图中元件及元件之间的连接关系是对应的。原理图上的每个元件在电路板上都对应一个封装，原理图中的连接关系也一一反映在电路板中的导线连接上。

原理图只是表示元件及元件之间连接关系的一种逻辑表示，而电路板是反映这种逻辑关系的实际器件。

使用 Protel DXP 2004 制作电路板的好处在于，当原理图绘制完成后，软件能够根据原理图中的逻辑关系自动生成印制电路板，自动布局，自动布线，如果用户对系统的布局和布线不满意的话，可以进行手工调整。

由此可知，Protel DXP 2004 的两个主要功能是：绘制电路原理图和制作印制电路板。

步骤 2：Protel DXP 2004 的启动

常用启动 Protel DXP 2004 的方法有两种。

1. 利用桌面上的快捷方式启动

用鼠标双击 Windows 桌面的快捷方式图标 ，进入 Protel DXP 2004，如图 1-1-15。

2. 利用【开始】菜单启动

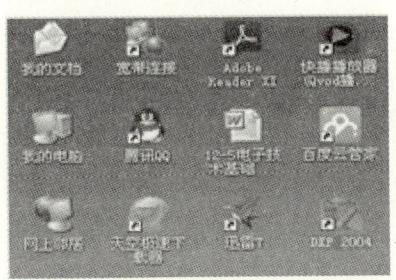
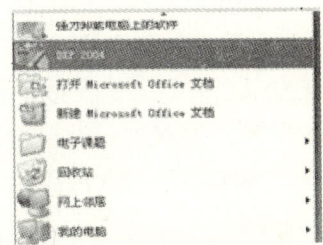

图 1-1-15　桌面快捷方式启动　　　　图 1-1-16　开始菜单启动

单击"开始"→ DXP 2004，如图 1-1-16。

试一试

运用上述两种方法启动 Protel DXP 2004。

步骤 3：工作面板的打开及状态转换

1. Protel DXP 2004 窗口界面

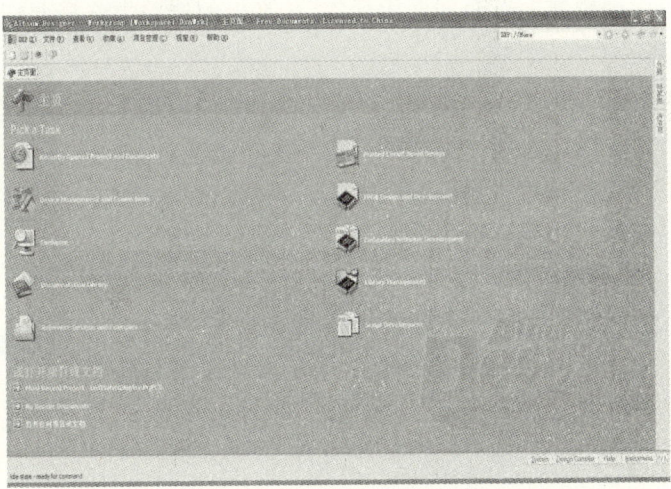

图 1-1-19　Protel DXP 2004 主页面

Protel DXP 2004 启动后，系统出现启动画面，几秒钟后，出现如图 1-1-19 所示主窗口界面。主该窗口主要由标题栏、菜单栏、工具栏、工作区面板、工作区、状态栏、命令行、标签栏等组成。

(1) 菜单栏。

Protel DXP 的菜单栏是用户启动和设计的入口。进入 Protel DXP 2004, 首先看到的菜单有 DXP(X)、文件(F)、查看(V)、收藏(A)、项目管理(C)、视窗(W)、帮助(H) 7 个下拉菜单。

(2) 工具栏。

利用 Protel DXP 2004 软件主窗口界面中的工具栏可以打开已经存在的文档和项目，也可以将已经打开的文档在项目中进行删除、添加等操作。

(3) 状态栏和命令显示行。

用于显示当前的工作状态和正在执行的命令。状态栏和命令显示行的打开和关闭可利用"查看(V)"菜单进行设置，方法为点击"查看(V)"菜单，在状态栏和命令显示行前选中或取消，则在主窗口底部显示或隐藏状态栏和命令行。

(4) 标签栏。

标签栏位于主窗口的右下角，单击标签，屏幕中会出现响应标签的工作区面板。4 个面板标签分别为：System 系统面板标签、Design Compiler 设计编译器面板标签、Help 帮助面板标签、Instrument Racks 仪器架面板标签。

(5) 工作面板。

Protel DXP 在各个编辑器中大量地使用了工作面板。所谓工作面板是指集同类操作于一身的弹出式窗口。这些面板按类区分，放置在不同的面板标签中。用户可以通过工作面板方便地实现打开文件、访问库文件、浏览各个设计文件和编辑对象等各种功能。

2. 工作面板的打开

(1) 单击"查看(V)"菜单，从"工作区面板"中选择要打开的面板。

(2) 单击原理图编辑器右下角的面板标签，从弹出的选单中选择要打开的面板。

3. 工作面板的三种显示状态

(1) 弹出/隐藏状态。

(2) 锁定状态。

(3) 浮动状态。

如图 1-1-19 所示。

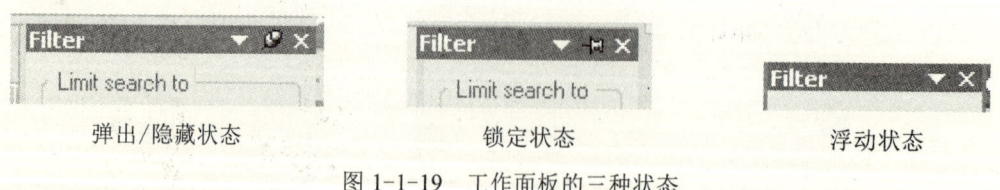

图 1-1-19　工作面板的三种状态

步骤 4：电路原理图文件的新建和保存

单击"文件"菜单，选择"创建"，然后选择"项目"子菜单下的"PCB 项目"，如图 1-1-20 所示。

项目一　门铃电路原理图的绘制

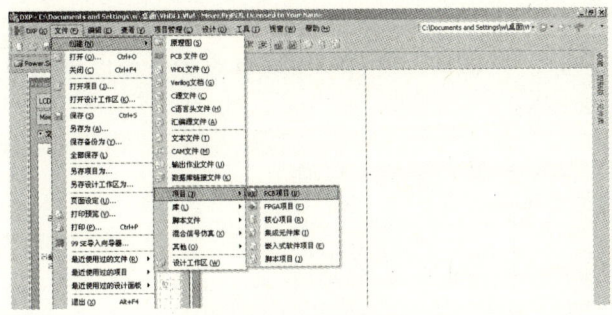

图1-1-20　新建项目

1. 新建 PCB 项目

执行完毕后,新建了一个名为"PCB_Project1.PrjPCB"的 PCB 项目文件,显示在文件面板的下方,如图 1-1-21 所示。

2. 新建原理图设计文件

执行"文件"菜单,选择"创建",然后选择"原理图"。新建了一个名为"sheet1.schdoc"的原理图设计文件,显示在 PCB 项目"PCB_Project1.PrjPCB"的下方,如图 1-1-22 所示。

　　　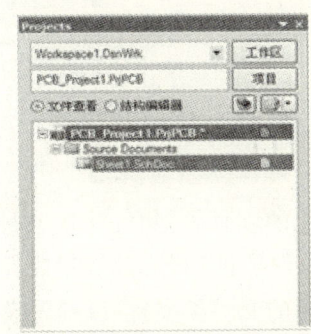

图 1-1-21　新建 PCB 项目后的文件工作面板　　图 1-1-22　新建原理图设计文件后的文件工作面板

3. 保存原理图设计文件

执行"文件",选择"保存",在弹出的对话框中,将原理图设计文件保存为"门铃电路.schdoc"。

4. 保存设计项目

执行"文件"菜单,选择"另存项目为…",在弹出的对话框中,将项目保存为"门铃电路.PrjPCB"。保存后文件面板中的文件名也同步更新为"门铃电路.schdoc",如图 1-1-23 所示。

图 1-1-23　保存后的文件面板

Protel DXP 2004 中文件的组织形式。

在 Protel DXP 2004 中,是以项目设计文件为单位进行管理的,设计项目可以包含电路原理图文件、印制电路板文件、源程序文件等。该种组织结构以树型的形式显示在文件工作面板中,如图 1-1-24 所示。

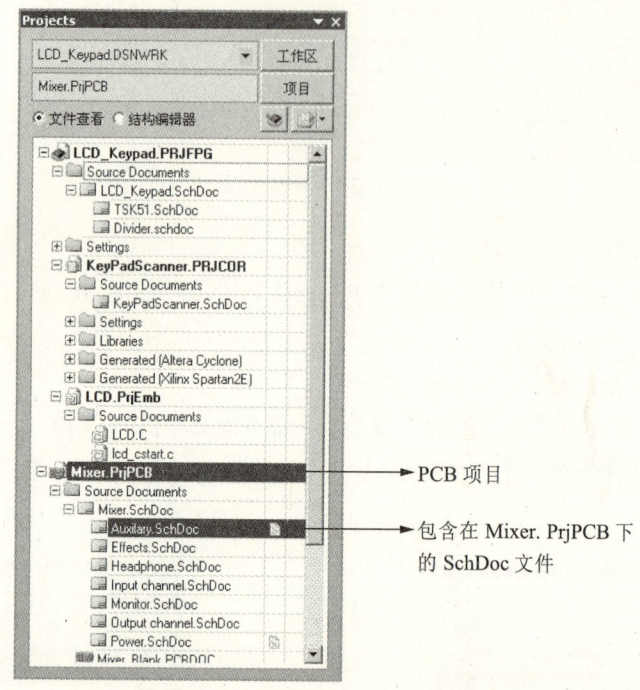

图 1-1-24 项目和文件的组织关系

常见的项目类型有:PCB 项目(.PrjPCB)、FPGA 项目(.PrjFPG)、核心项目(.PrjCOR)、嵌入式软件项目(.PrjEmb),集成元件库(.LibPkg),脚本项目(.PrjScr)等。

常见的文件类型有:原理图设计文件(.schdoc)、PCB 设计文件(.pcbdoc)、VHDL 文件(FPGA 设计文件,即.vhdl)等。

Protel DXP 2004 以项目设计文件为单位对这些存储在不同的地方的文件进行设计和管理。一个设计项目中可以包含若干个类型相同或不相同的设计文件,这些文件可以存储在不同的地方。

一般来说,用户在 Protel DXP 2004 中为每一个工程项目建立一个独立的文件夹,用来存放所有与项目有关的文件。

步骤 5:从工程中删除和添加文件

1. 删除文件

在工作面板中右击要删除的文件,然后在弹出的菜单中选择"从项目中删除"命令,出现确认对话框,确认删除,如图 1-1-25 所示。

项目一 门铃电路原理图的绘制

图 1-1-25 删除文件

2. 添加文件

想添加到一个项目文件中的原理图图纸已经作为自由文件夹被打开,那么在 Projects 面板的"门铃电路.PrjPCB"上右击,并选择"追加新文件到项目中"。然后选择追加的文件类型,新文件就列表在 Projects 标签中的紧挨着项目名下的"Soure Document"文件夹下,并连接到项目文件,如图 1-1-26 所示。

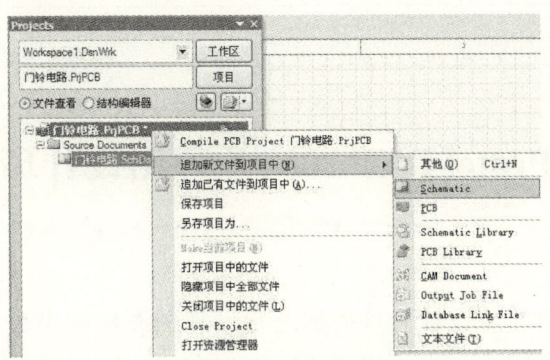

图 1-1-26 添加文件

表 1-1-1 Protel DXP 2004 软件设计文件及扩展名

序号	设计文件	文件扩展名	序号	设计文件	文件扩展名
1			7		
2			8		
3			9		
4			10		
5			11		
6			12		

任务评价

项　目	配分	评价标准	得分
已有知识应用	10		
新知识应用	20		
创新与实践能力	30		
学习兴趣与积极性	15		
团队协作与纪律	10		
小组评价			
教师评价			

任务二　Protel DXP 2004原理图设计环境的设置

任务描述

要进行原理图的设计，设计者首先要进行原理图图纸的参数设置，如图纸的大小、标题栏信息及图纸的颜色等。运行 Protel DXP 2004，打开上次任务建立的文件"门铃电路.schdoc"，然后根据项目要求对原理图设计环境进行设置（要求图纸大小为 A4，水平放置，图纸颜色为白色，边框色为黑色，栅格大小为 10，捕捉大小为 5，电气栅格捕捉的有效范围为 5，系统字体为宋体 12 号黑色）。

任务目标

1. 理解原理图图纸参数的含义
2. 掌握图纸参数的设置方法、步骤
3. 掌握图样的放大与缩小的操作

任务实施

步骤1：知识准备——了解原理图设计界面

运行 Protel DXP 2004 打开上次任务保存的项目文件"门铃电路.PrjPCB"和原理图文件"门铃电路.schdoc"，进入原理图设计界面，如图 1-2-1 所示。

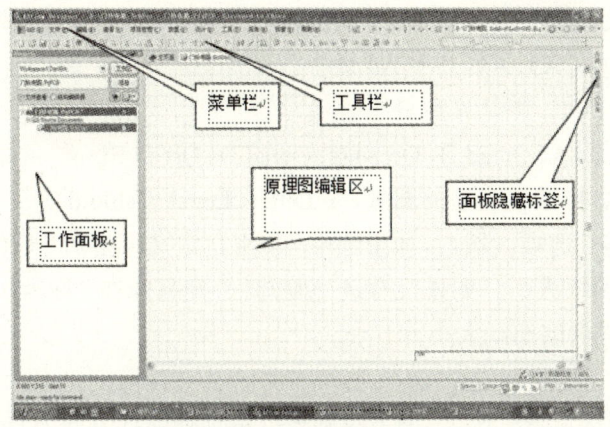

图 1-2-1　原理图设计界面

原理图设计界面主要由原理图编辑区、工作面板、菜单栏、工具栏及面板隐藏标签等组成。

步骤 2：设置图纸参数

单击"设计"菜单，选择"文档选项"，弹出文档选项对话框。根据任务描述，按要求进行图纸设置。图纸大小为 A4，水平放置，图纸颜色为白色，边框色为黑色，栅格大小为 10，捕捉大小为 5，电气栅格捕捉的有效范围为 5，系统字体为宋体 12 号黑色。"文档选项"对话框的设置如图 1-2-2 所示。

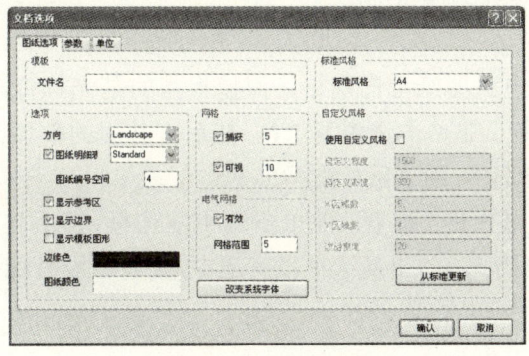

图 1-2-2　文档选项

知识链接

"文档选项"对话框的说明。

1. 模板栏

在"文档选项"对话框中，"文件名"后的文本框中可以输入电路图纸的名称，也可不填。如本项目中，图纸名称可以设置为"门铃电路图"。

2. 标准风格栏

在"标准风格"后的下拉列表框中选择图纸大小为"A4"。

Protel DXP 所提供的图纸样式有以下几种：

公制：A0、A1、A2、A3、A4，其中 A4 最小。

英制：A、B、C、D、E，其中 A 型最小。

Orcad 图样：Orcad A、Orcad B、Orcad C、Orcad D、Orcad E。

其他：Protel 还支持其他类型的图纸，如 Letter、Legal、Tabloid 等。

在"自定义风格"选项区域内，如果选中"使用自定义风格后"后的复选框，则用户可以在其中自由设置图纸大小。如果没有选中复选框，则只能在"标准风格"后的下拉列表框中选择一个系统提供的图纸大小。

3. 选项栏

在"选项"选择区域内"方向"的下拉列表框中选择图纸方向为 landscape（水平放置，portrait 则表示垂直放置的意思）。

用鼠标左键单击"选项"选择区域内的"图纸明细表"的复选框，使复选框中出现"√"符号，则可使标题栏出现在图纸上。Standard 代表标准型标题栏，ANSI 代表美国国家标准协会模式标题栏。

"显示参考区"复选框用于设置是否显示图纸的参考边框。

"显示边界"复选框用于设置是否显示图纸边框。

"显示模板图形"复选框用于设置是否显示图纸模板图形。

在"选项"选择区域内的"边缘色"后的颜色标签上单击，在弹出的"边缘颜色"对话框中选择黑色作为图纸的边框色。在"图纸颜色"后的颜色标签上单击，在弹出的"图纸颜色"对话框中选择白色作为图纸的颜色。

4. 栅格

所谓栅格，也就是电路图纸上的网格。而捕捉指的是光标每次移动的距离。在"网格"选择区域内的"可视"前单击选中复选框，然后将其后的数值改为10，表示网格大小为10。如果复选框没有选中，则表示栅格不可见。

在"网格"选择区域内的"捕获"前单击选中复选框，然后将其后的数值改为5，表示光标每次移动的距离为5。如果复选框没有选中，则表示没有捕捉，光标可以任意距离移动。

5. 电气网格

在"电气网格"选择区域内，单击选中"有效"复选框，表示电气栅格有效，然后将网格范围后的数值设置为5。如果"有效"复选框没有选中，则表示电气栅格无效。

所谓电气栅格范围为5，表示在绘图的时候，系统能够自动在5的范围内自动搜索电气节点，如果搜索到了电气节点，光标自动会移动到该节点上，并在该节点上显示一个圆点。

6. 系统字体设置

单击"改变系统字体"按钮，在弹出的对话框中设置图纸的系统字体。

设置完毕后，单击"确定"按钮即可。

步骤3：参数设置

在文档选项的参数页显示的是一张原理图的文件属性。在该标签页中，可以分别设置文件的各个参数属性，比如设计公司名称、地址，图样的编号以及图样的总数，文件的标题名称、日期等，如图1-2-3所示。

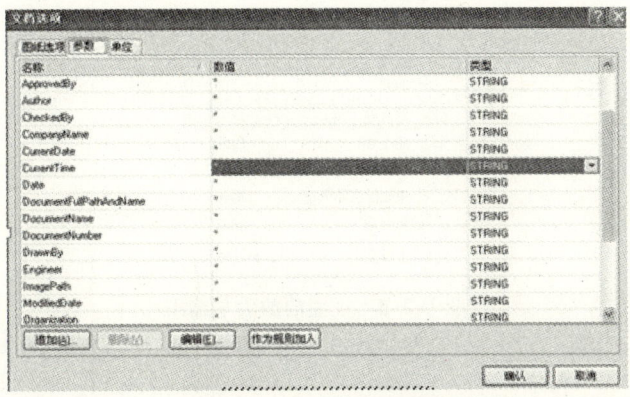

图1-2-3　文档参数设置

步骤4：单位设置

在文档选项的单位页中，我们可以为系统选择英制单位或国际标准单位，如图1-2-4所示。

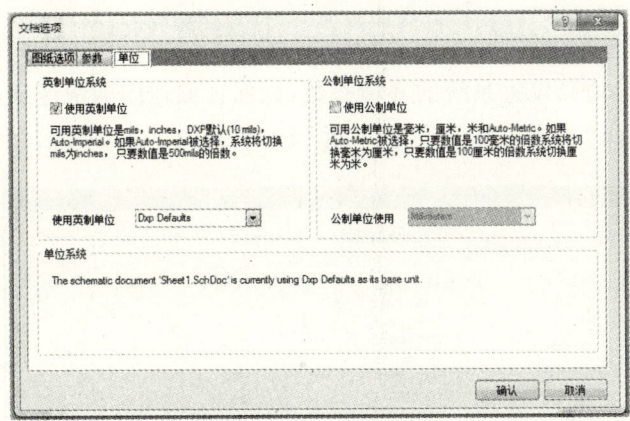

图1-2-4　设置单位

步骤5：图样的放大与缩小

设计者在绘图的过程中，经常要查看整张原理图或只看某一个局部，所以需要改变显示状态，使图样放大或缩小。

1. 菜单控制

Protel DXP 2004提供了"查看"选单来控制图形区域的放大与缩小，如图1-2-5所示。

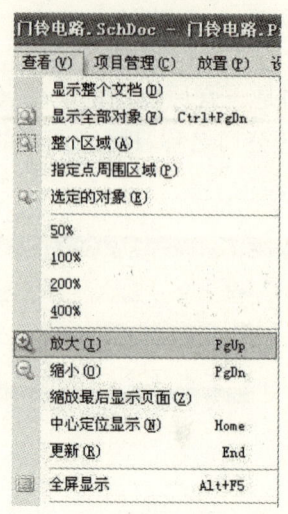

图 1-2-5　视图的放大与缩小

2. 键盘操作

绘制电路图时,也可以运用键盘上的 PgUp 和 PgDn 来实现图形区域的放大与缩小。另外,Home 键可以从原来光标的图样位置,移位到工作区的中心位置显示。End 键对绘图区进行刷新,恢复正确的显示状态。移动当前显示位置,按下鼠标右键不放,光标变为手状,拖动鼠标即可移动当前显示位置。

知识链接

原理图的系统参数设置。

设计原理图时,适当设置系统的环境参数,以保证原理图的快速和高质量的设计。单击"工具"菜单,选择"原理图优先设定"。系统弹出如图 1-2-6 所示"优先设定"对话框。

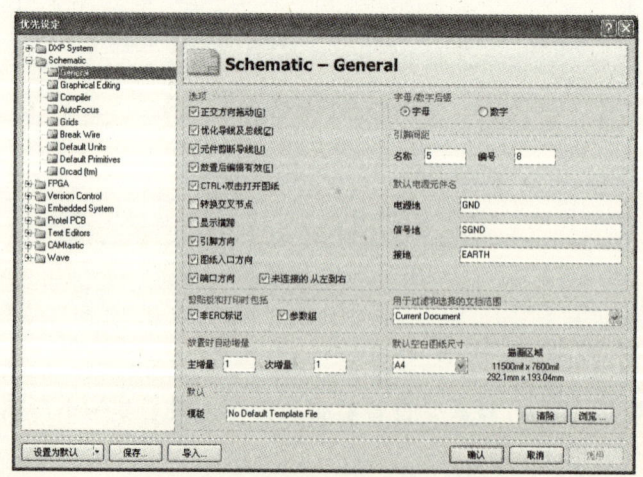

图 1-2-6　所示"优先设定"对话框

在对话框左侧的目录树中打开 Schematic 目录,其中包含了 9 个子目录,分别为

General（普通设置）、Graphical Editing（图形编辑）、Compiler（编译器）、Auto Focus（自动聚焦）、Grids（栅格）、Break Wire（断线）、Default Units（单位）、Default Primitives（常用组件默认选项）及 Orcad（Tm）有关的设置。

项　目	配分	评价标准	得分
已有知识应用	10		
新知识应用	20		
创新与实践能力	30		
学习兴趣与积极性	15		
团队协作与纪律	10		
小组评价			
教师评价			

设置图纸的参数、标题栏和格点：
（1）建立一个工程文件和原理图文件。
（2）对原理图进行设置。

图纸大小：A4　　　　　　图纸方向：水平
电气格点：5　　　　捕获格点：10　　　　可视格点：10

任务三　元器件的放置和编辑

任务描述

运行 Protel DXP 2004 打开上次任务建立的文件"门铃电路.schdoc"。根据图 1-1 实用门铃电路原理图中所需元件进行查找、放置元件的操作，并对放置的元件设置属性和编辑。通过本任务，让学生熟悉 Protel DXP 2004 软件中两个常用的集成元件库。

任务目标

1. 掌握元件库的加载操作
2. 学会元器件的查找、放置

3. 掌握元器件的属性设置
4. 学会编辑元器件

任务实施

步骤1：知识准备——元器件库管理器

设计电路之前，在放置元器件之前，必须先将元器件所在的元器件库载入，否则元器件可能无法放置。但如果一次载入过多的元器件库，将会占用较多的系统资源，影响计算机运行速度。所以，一般的做法是只载入必要而常用的元器件库。

一、打开元器件库

单击"设计"菜单选中"浏览元件库"，或点击工作面板标签中的"system/元件库"打开元器件库管理器，如图1-3-1所示。元器件库管理器中，从上至下各部分功能说明如下。

1. 元件库面板3个按钮的功能：
（1）"元件库"：用于转载/卸载元器件库；
（2）"查找"：用于查找元器件；
（3）"Place…"：用于放置元器件；
2. 条形输入框的功能

第一个，用于显示当前打开并选中的元器件库的操作框；第二个，用于设置元器件显示的匹配项的操作框，用"*"表示匹配任何字符，在该框中填入条件，将符合该条件的元器件显示在下一个框中；第三个，用于显示当前选中元器件库中符合匹配条件的元器件，并双击可选择其中的某个元件，或者点击"Place…"按钮；第四个，显示选中元器件的原理图符号形状；第五个，显示选中元器件的封装和仿真信息；第六个，显示选中元器件的封装图形。

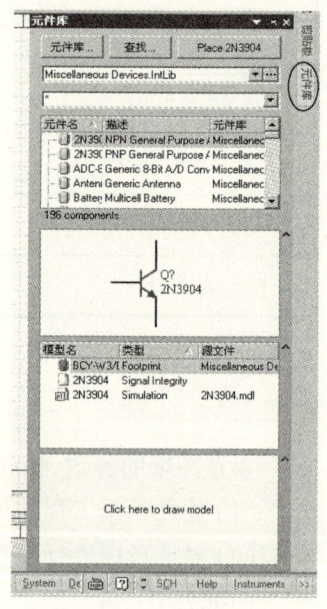

图1-3-1 元件库面板

二、元件库的加载

本例中所需要的元件主要包含在 TIAnalog Timer Circuit.IntLib 和 Miscellaneous device.IntLib 两个元件库中。因此，必须先将这两个元件库加载到项目中去。

1. 显示可用元件库

单击上方的"元件库…"按钮，弹出"可用元件库"对话框，其中列出的就是当前项目已经安装可供使用的元件库。如图1-3-2所示，可以看到其中包含 Miscellaneous device.IntLib 元件库，表示其已经加载进来。下面只需要加载元件库 TIAnalog Timer Circuit.IntLib 即可。

项目一 门铃电路原理图的绘制

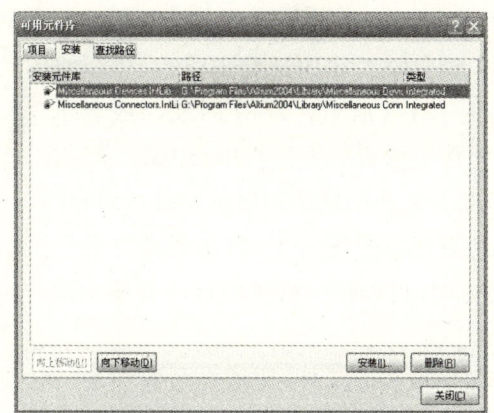

图 1-3-2 "可用元件库"对话

2. 安装元件库

单击"可用元件库"对话框下侧的"安装…"按钮,在"打开"对话框中,找到 Texas Instruments 文件夹,双击打开,然后找到 TI Analog Timer Circuit.IntLib,单击选中,单击"打开"按钮,元件库 TI Analog Timer Circuit.IntLib 即被加载进来可供使用了。单击"关闭"按钮,关闭"可用元件库"对话框。

知识链接

关于元件库。

在 Protel DXP 2004 软件被安装到计算机中的同时,它所附带的元件库也被安装到计算机的磁盘中了。在软件的安装目录下,有一个名为 Library 的文件夹,其中专门存放了这些元件库。这些元件库是按照生产元件的厂家来分类的,比如 Wesern Digital 文件夹中包含了西部数据公司所生产的一些元件,而 Toshiba 文件夹中则包含了东芝公司所生产的元件。

在绘图过程中,用户需要把自己常使用的器件所在的库加载进来。由于加载进来的每个元件库都要占用系统资源,影响应用程序的执行效率,所以在加载元件库时,最好的做法是只装载那些必要而且常用的元件库,其他一些不常用的元件库仅当需要时再加载。日常使用最多的元件库是 Miscellaneous Connectors.IntLib 和 Miscellaneous Devices.IntLib,后者中包含了一些常用的器件,如电阻、电容、二极管、三极管、电感、开关等,而前者包含了一些常用的接插件,如插座等。

步骤 2:元件的查找和放置

1. 选择元件库

从 System 系统面板标签中选中元件库,在元件库面板上方的库列表下拉菜单中选择 Miscellaneous Devices.Intlib,使之成为当前元件库,同时该库中的所有元件显示在其下方的列表项中。

19

2. 查找放置电阻

从元件列表中找到电阻 RES2，单击选择电阻后，电阻将显示在面板的下方。如图 1-3-3 所示。双击 RES2（或者单击选中 RES2，然后单击元件库面板上方的 "Place Battery" 按钮），移动鼠标到图纸上，在合适的位置单击鼠标左键，即可将元件 RES2 放下来，具体位置可参照图 1-1。在放置器件的过程中，如果需要器件旋转方向，可以按空格键进行。每按一次空格键，元件旋转 90°。

如果需要连续放置多个相同的元件，可以在放置完毕一个元件后，单击左键连续放置，放置完毕后可以单击右键退出元件放置状态，或者按 ESC 键即可。

放置完毕电阻后，在元件列表框中找到二极管 DIODE，双击后移动到图纸中合适的位置，放置 2 个。以此类推，分别找到电容 CAP、开关 SW-PB、喇叭 speaker、电解电容，并放在合适的位置，如图 1-3-4 所示。

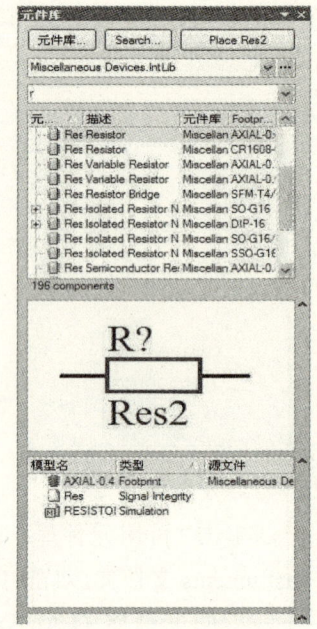

图 1-3-3　元件库面板

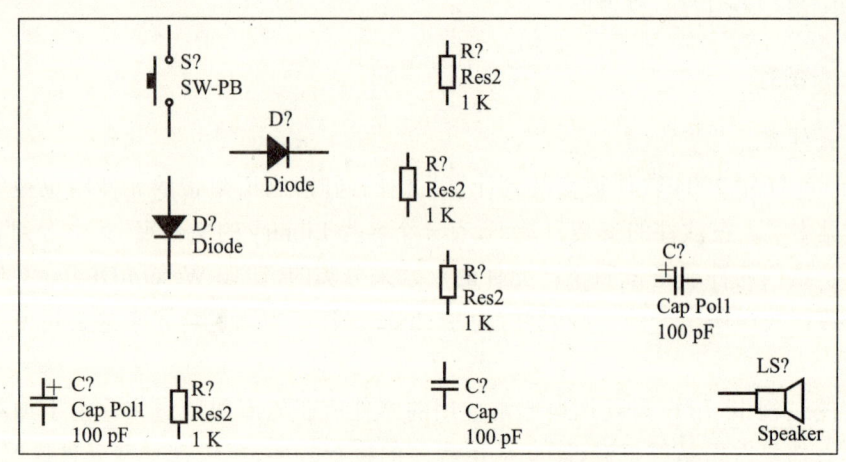

图 1-3-4 放置完部分元件的电路图

知识链接

过滤器的使用。

如果当前元件库中的器件非常多，一个个浏览查找比较困难，那么可以使用过滤器快速定位需要的元件。比如需要查找名为 "CAP" 电容，那么就可以在过滤器中输入 "CAP"，名为 "CAP" 的电容将呈现在元件列表中，如图 1-3-5 所示。如果只记得元件中是以字母 "C" 开头，则直接可以在过滤器中键入 "C*" 进行查找，"*" 表示任意个字符。如果记得元件的名字是以 "CAP" 开头，最后有一个字母不记得了，则可以在过滤器中键入 "CAP？"，通配符 "？" 表示一个字符。

过滤器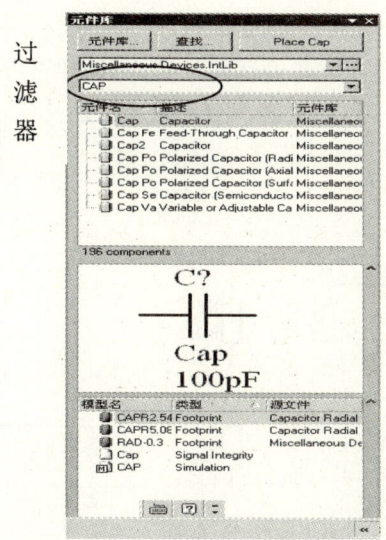

图 1-3-5 使用过滤器

3. 放置元件 SE555D

在当前的元件库 Miscellaneous Devices.Intlib 的元件列表中发现该元件不存在。那么该到何处去查找该元件呢？

作为初学者，并不知道 SE555D 存在于哪个元件库中，所以查找起来困难。这时可以单击元件库面板上方的"查找"按钮，将弹出一个元件库查找对话框，如图 1-3-6 所示。

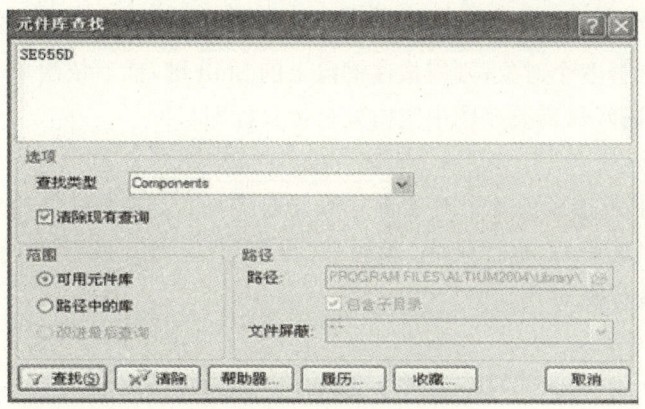

图 1-3-6 元件库查找对话框

在该对话框中输入要查找的元件的名字，这里输入当前要查找的元件名字"SE555D"。在对话框下的"查找类型"中选择"Components"，表示要查找的是普通的元器件；在"路径"中选择 Protel DXP 2004 的安装目录；在"范围"中选择"路径中的库"，表示在前一步所设置的路径范围内进行查找，如果选择"可用元件库"项，则表示只在当前已经加载进来的元件库中进行查找，此种查找的范围比较小。

设置完毕后，单击"查找…"按钮，开始查找。开始查找后，"查找…"按钮将变为"停止"按钮，如果要停止查找，单击该按钮即可。等待几秒钟后，将查找到所有元件名称包含

"SE555D"的元件,并显示在元件库面板中的"元件列表"中。双击元件 SE555D,然后将鼠标移动到图纸上,即可将元件放在合适的位置,如图 1-3-7 所示。

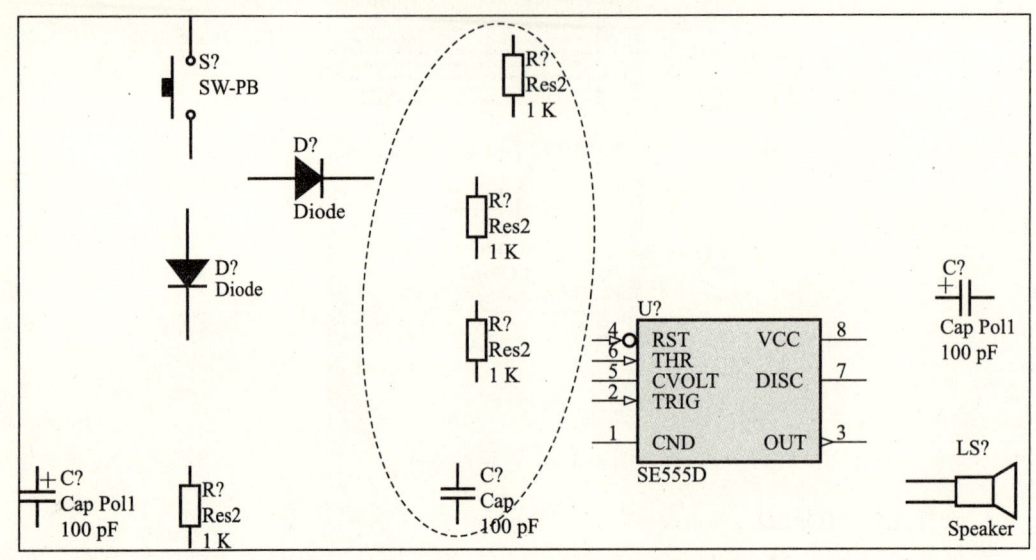

图 1-3-7　放置了元件 SE555D 后的原理图

步骤2:元件的编辑操作

1. 元件的选择

单击某个元件,即可将其选中。选中元件后,可以对其执行清除、剪切、拷贝、对齐等操作。如果需要选择多个对象,则需按住键盘上的 Shift 键,然后依次单击要选择的对象即可。如果要取消选择,只需要在图中空白处单击鼠标即可。

2. 元件的对齐

对图 1-3-7 中所指示的 4 个对象进行纵向对齐操作,则先按住 Shift 键,然后依次单击选中 4 个对象。选中后,执行菜单"编辑"/"排列"/"左对齐排列",4 个对象就将以最下边的对象的中心为标准对齐。

3. 元件的翻转

用鼠标单击元件 SE555D,待到光标变成"十"字后,按 Y 键将该元件上下翻转,按 X 键可以实现左右翻转。图 1-3-8 为翻转前的效果,图 1-3-9 为翻转后的效果。

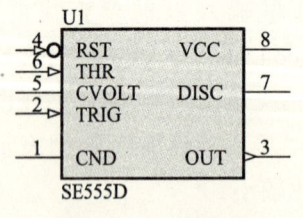

图 1-3-8　翻转前

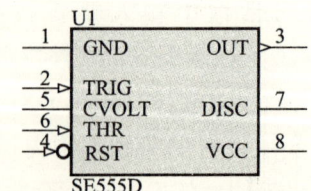

图 1-3-9　翻转后

4. 元件的移动

如果需要移动对象,只需要在选择对象后,然后按住鼠标左键拖动即可,按自己的需要适当地移动对象来调整布局。元件的移动也可以通过菜单"编辑"/"移动"后的各个子菜单命令来执行。

5. 元件的清除

选中操作对象后,执行菜单"编辑"/"清除",或者按下键盘上的 Delete 键。

知识链接

元件的剪切、复制、粘贴、阵列式粘贴操作。

元件的剪切:选中需要剪切的对象后,执行菜单"编辑"/"剪切"。该命令等于于快捷键"Ctrl + X"。

元件的复制:选中需要复制的对象后,执行菜单"编辑"/"复制"。该命令等同于快捷键"Ctrl + C"。

元件的粘贴:该操作执行的前提是已经剪切或复制完器件。执行菜单"编辑"/"粘贴",然后将光标移动到图纸上,此时,粘贴对象呈现浮动状态并且随光标一起移动,在图纸的合适位置单击左键,即可将对象粘贴到图纸中。该命令等同于快捷键"Ctrl + V"。

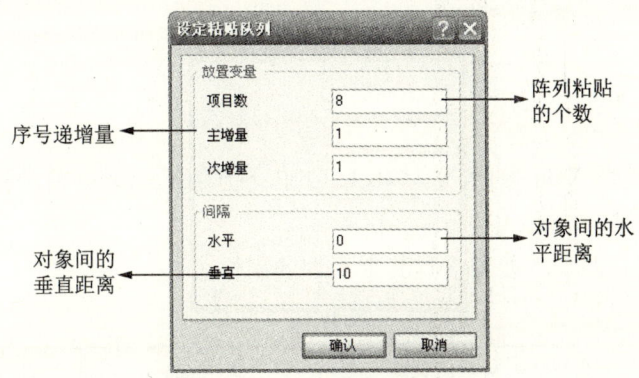

图 1-3-10 阵列粘贴对话框

元件的阵列式粘贴:执行菜单"编辑"/"粘贴阵列…",在弹出的对话框中设置需要粘贴的数量、序号的递增量、元件间水平和垂直的距离,然后单击"确定",然后在图纸的合适位置单击确定基点,就可以按照指定的数量和参数粘贴若干个器件,如图 1-3-10 所示。

步骤 3:元件属性的设置

和图 1-1 相比较,可以发现在目前已经完成的原理图中,元件的名字和编号和要求的不一致。那么该如何修改元件的名字、编号等属性呢?

双击元件,打开该元件的属性对话框,就可以在其中进行修改相关的元件属性了。在此,以电阻 RES2 为例介绍元件属性对话框的设置。双击 RES2,打开该元件的属性对话框,如图 1-3-11 所示。

"标志符"后的文本框中可以输入元件在原理图中的序号。本例中输入"R1"。其后的"可视"复选框如果被选中表示其可见,如果没被选中,表示不可见。"锁定"复选框如果被选中,则表示将序号锁住不可修改。"注释"后的文本框中用于输入对元件的注释,通常输入元件的名字。本例中输入 RES2。其后的可视含义同上。"库参考"后是系统给出的元件的型号。"库"后列出的元件所在的库名。"描述"后列出的是元件的描述信息。"唯一 ID"后是系统给出的元件的编号,无需修改。在"图形"选择区域中,位置 X 和位置 Y 用来精确定位元件在原理图中的位置。用户可以在后直接输入坐标。方向用于设置元件的翻转角度。镜像复选框用于设置得到元件的镜像。

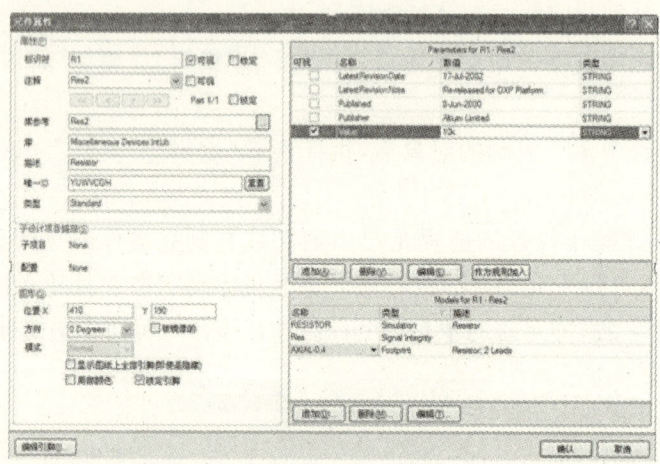

图 1-3-11 元件属性对话框

在右边列项中,将 Value 的值改为 10 K,在右下方的 Footprint 前的列表框中可以选择相应的元件封装类型。

以此类推分别按照如下要求设置其余元件的属性。

表 1-3-1

元件名称	标志符	注释	值(Value)	封装(Footprint)
RES2	R2	不可视	30 K	AXIAL-0.4
RES2	R3	不可视	22 K	AXIAL-0.4
RES2	R4	不可视	22 K	AXIAL-0.4
Diode	D1	Diode		DSO-C2/X3.3
Diode	D2	Diode		DSO-C2/X3.3
Cap Pol1	C1	不可视	47 uF	RB7.6-15
Cap	C2	不可视	0.05 uF	RAD-0.3
Cap Pol1	C3	不可视	50 uF	RB7.6-15
S?	S1	SW-PB		SPST-2
SE555D	U1			SO8

设置后的原理图如图 1-3-12 所示。

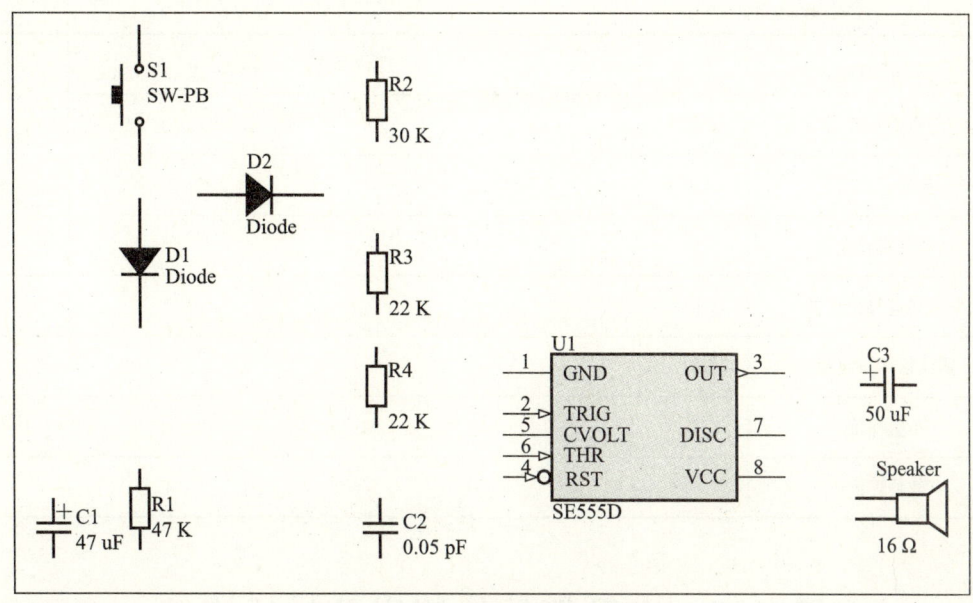

图 1-3-12　设置完属性的原理图

知识链接

如何修改元件的属性。

打开元件属性对话框的另外一种方法是,当元件处于浮动状态时,按下 Tab 键。所谓浮动状态,就是用鼠标左键单击器件,鼠标变成"十"字形时的状态,或是器件处于未放定时的状态。在器件上单击右键,在快捷菜单上选择"属性",也可打开属性对话框。

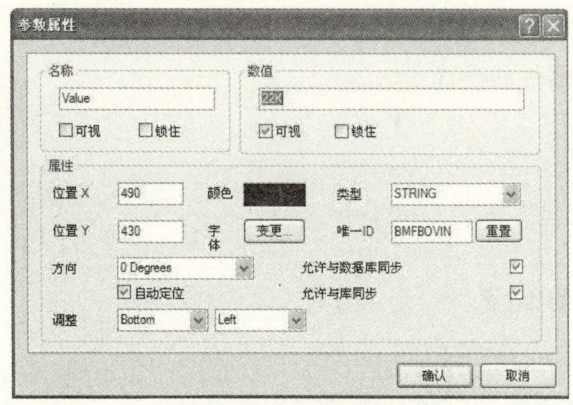

图 1-3-13　参数属性

绘图过程中,如果需要修改元件编号或元件名称的颜色或改变字体,只要双击要修改的元件名称或编号,即可打开参数属性对话框进行设置,如图 1-3-13 所示。

任务评价

项　目	配分	评价标准	得分
已有知识应用	10		
新知识应用	20		
创新与实践能力	30		
学习兴趣与积极性	15		
团队协作与纪律	10		
小组评价			
教师评价			

任务四　电源符号的使用及导线连接

任务描述

运行 Protel DXP 2004 打开上次任务建立的文件"门铃电路.schdoc"。根据图 1-1 门铃电路原理图，进行电源符号的放置及设置，然后进行导线连接的操作。

任务目标

1. 学会放置电源符号
2. 掌握电源符号属性的设置
3. 掌握导线的连接

任务实施

步骤 1：电源的放置

1. 放置电源符号

单击"放置"菜单选择"电源端口"，放置电源符号。

2. 设置电源符号属性

双击电源符号，打开"电源端口"属性对话框，如图 1-4-1 所示。

将"风格"改为"Circle"，网络名称改为"+6 V"。

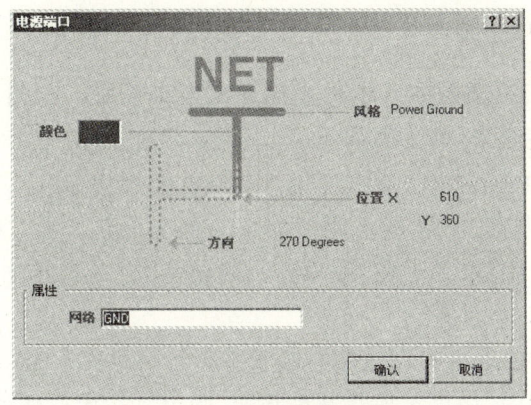

图 1-4-1 电源属性对话框

在电源符号属性对话框中,可以修改电源符号的名称、颜色、坐标位置、放置角度以及显示形式。在对话框中的左侧"颜色"按钮处单击,在弹出的对话框中选择合适的颜色,设置电源或接地符号的颜色。在对话框的下侧"属性"处文本框内可以输入电源或接地符号的网络名称。在对话框的右上侧"风格"后单击,可以在弹出的列表项所提供的7个选项中选择一个。7 种风格所对应的样式如表 1-4-1 所示。

表 1-4-1 电源风格及对应符号

Power Ground	Circle	Arrow	Bar	Wave	Signal Ground	Earth
⏚	○	▽	⊥	⌇	▽	⊥⊥

参照以上步骤,放置电源符号"-6V"。如图 1-4-2 所示。

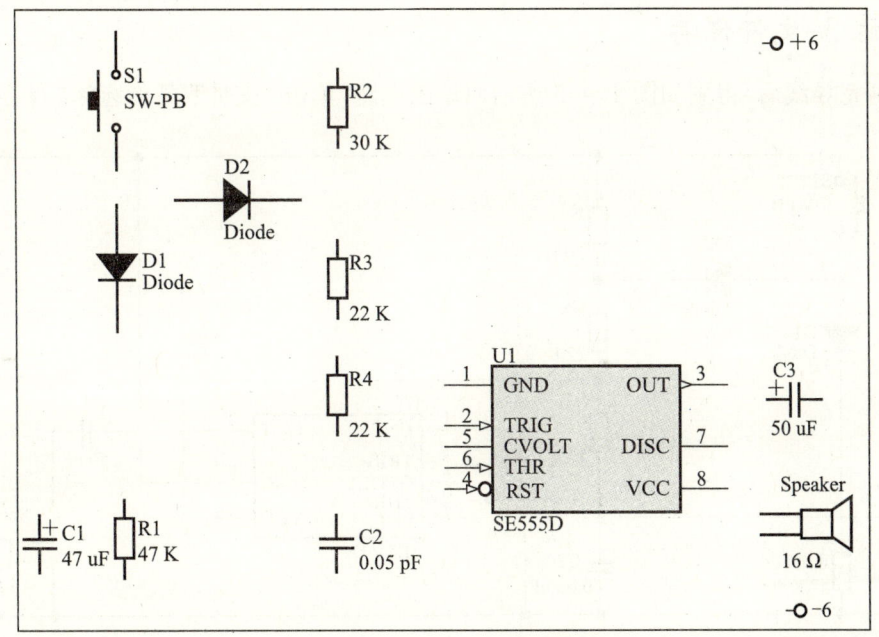

图 1-4-2 放置完电源的原理图

步骤2:导线的连接

导线的作用就是在原理图中各器件之间建立连接关系。在图1-4-2中,如果现在需要将元件S1和D2连接起来,则步骤如下:

(1) 单击"放置"菜单,选择"导线",进入导线的连接状态。

(2) 将鼠标移动到图纸中S1的下侧管脚处,出现红色的"×",单击左键确定起点。

(3) 移动鼠标到元件D2的上侧管脚处,出现红色的"×",单击确定终点,如图1-4-3所示。

(4) 单击右键或按ESC键退出绘制导线状态。

在绘制导线的过程中,如果需要在某处拐弯,则可以在拐点处单击确定拐点。在绘制导线的过程中,如果按下Tab键,则将弹出如图1-4-4"导线属性"对话框,用户可以在对话框中设置导线的颜色和宽度。

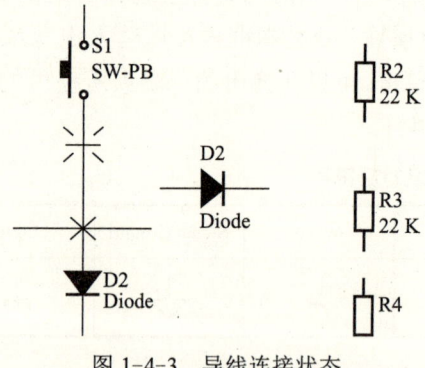

图1-4-3　导线连接状态　　　　　图1-4-4　导线属性

步骤3:文件保存

绘制完导线后,得到如图1-4-5所示原理图电路,单击"文件"菜单选择"保存"。

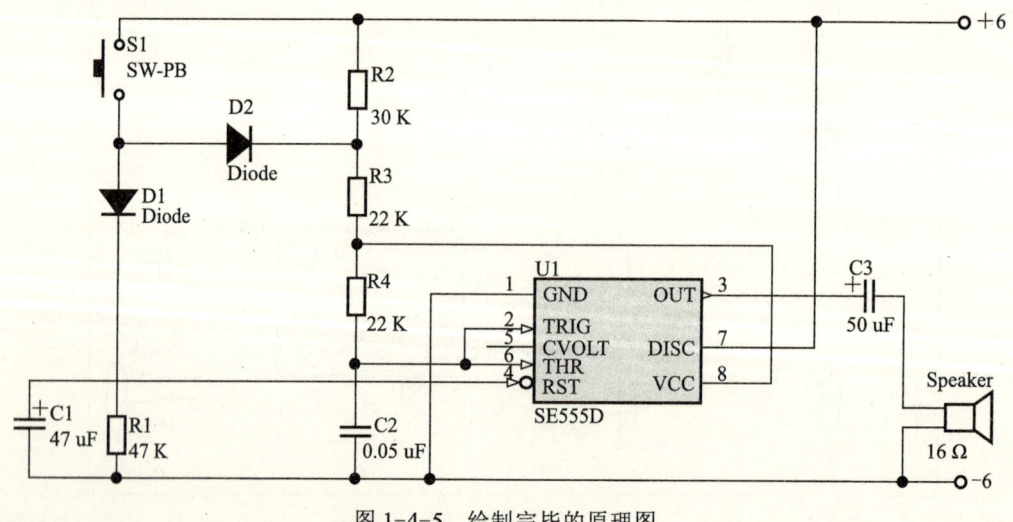

图1-4-5　绘制完毕的原理图

任务评价

项　　目	配分	评价标准	得分
已有知识应用	10		
新知识应用	20		
创新与实践能力	30		
学习兴趣与积极性	15		
团队协作与纪律	10		
小组评价			
教师评价			

项目小结

绘制原理图的一般步骤是：

1. 新建设计项目和文件
2. 设置图纸参数
3. 安装所需要的元件库
4. 查找和放置元件，并设置元件的属性
5. 根据需要对元件进行适当的编辑操作（如移动或删除、翻转、对齐等）
6. 导线的连接
7. 放置电源符号
8. 保存

绘制原理图的步骤并不是固定的，在实际操作过程中，也可以根据需要调整先后顺序。

项目实训

新建一个项目设计文件和原理图设计文件，分别保存在 D 盘，名字分别为"差动放大电路.PrjPcb"和"差动放大电路.SchDoc"。图纸大小为：宽 1000，高 800，颜色为淡黄色，边框为蓝色，水平放置，栅格大小为 10，捕捉为 2.5。电气捕捉为 8。绘制如图 1-4-6 所示电路图。

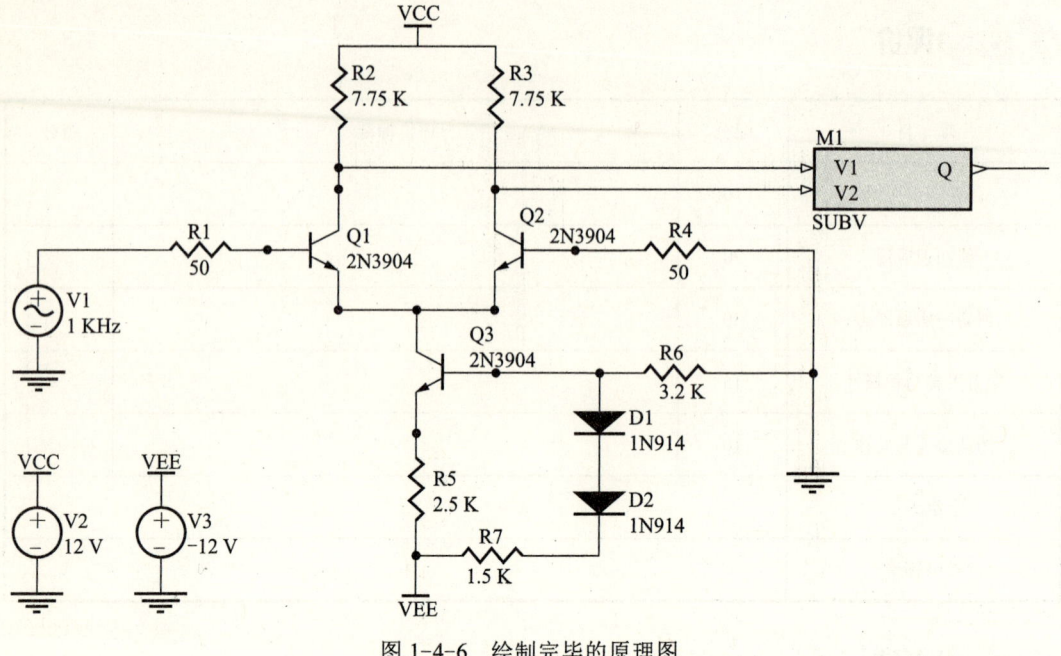

图 1-4-6 绘制完毕的原理图

项目二

模/数转换电路的绘制

📖 项目描述

图 2-1 是一个用来实现模拟信号/数字信号转换的电路,要求使用 Protel DXP 2004"配线"工具栏绘制完成。

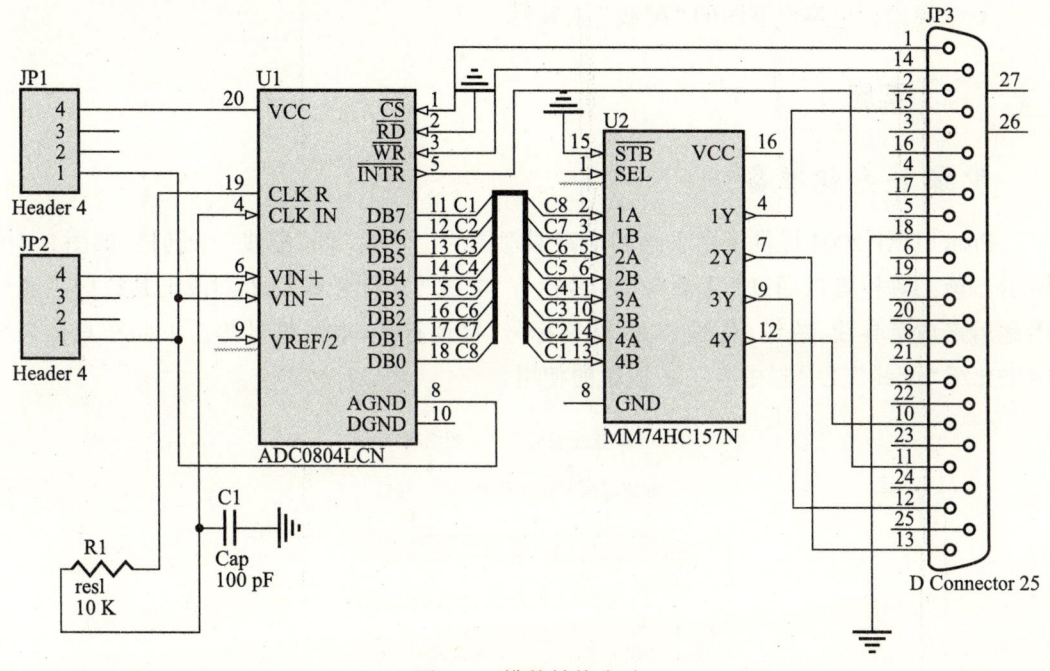

图 2-1 模数转换电路

📖 项目目标

1. 掌握"配线"工具栏的使用
2. 掌握总线的使用及总线属性的设置

电子CAD实训

3. 掌握总线分支的使用及其属性的设置
4. 掌握网络标号的含义及其使用

项目实施

任务一　绘制模/数转换电路原理图

任务描述

在进一步熟悉绘制电路原理图步骤的基础上,运用 Protel DXP 2004 提供的工具栏,即"配线"工具栏(该工具栏可以通过"查看"/"工具栏"/"配线"来打开或关闭)来实现原理图电路的绘制。

任务目标

1. 进一步熟悉绘制电路图的步骤
2. 巩固绘制电路图的基本操作
3. 掌握绘制电路原理图的"配线"工具栏

任务实施

步骤1：知识准备

Protel DXP 2004 提供了用于绘制电路原理图的工具栏,即"配线"工具栏,如图 2-1-1 所示。该工具栏可以通过"查看"/"工具栏"/"配线"来打开或关闭。该工具栏的主要作用是用来放置导线、总线、总线分支、网络标号、接地符号、电源符号等。下面在具体任务中来介绍"配线"工具栏中各工具按钮的使用。

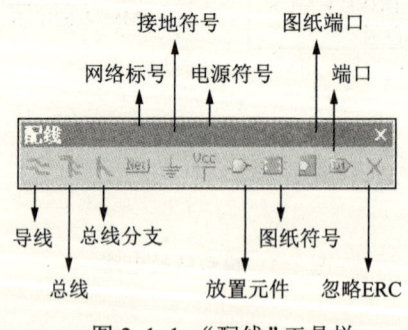

图 2-1-1　"配线"工具栏

步骤2：新建文件

新建一个原理图文件,并将新建的文件保存为"模数转换电路.SchDoc",如图 2-1-2

所示。

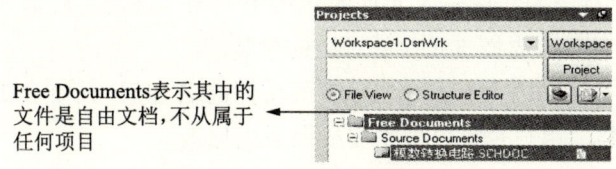

图 2-1-2　新建原理图文件

知识链接

设计文件可以独立存在。

在前面的任务中提及过，在 Protel DXP 2004 中，一个设计项目中可以包含若干个类型相同或不相同的设计文件，设计项目的作用在于能够把存放在不同位置的文件以一定的形式组织起来。一个设计项目中如果没有包含设计文件，则该项目是空项目。

在设计使用过程中，设计项目不能单独使用。例如，如果需要拷贝某原理图，不能仅仅拷贝项目，而需要拷贝原理图文件。设计文件可以包含在某个设计项目中，并且其也可以独立存在，不从属于任何项目。如图 2-1-2 中，原理图文件"模数转换电路"就是一个不从属于任何项目的自由文档。

步骤3：放置元件、设置属性

原理图中所需要的器件有4针接头 Header 4、电阻 Res1、电容 Cap、A/D 芯片 ADC0804LCN、连接器 D Connector 25。这些器件主要包含在如下元件库中：Miscellaneous Devices.IntLib 和 Miscellaneous Connectors.IntLib，NSC Converter Analog to Digital.IntLib、NSC Logic Multiplexer.IntLib 中。按照前面任务所述方法将这些库加载到系统中来。加载后的元件库面板如图 2-1-3 所示。在系统默认的情况下，Miscellaneous Devices.IntLib 和 Miscellaneous Connectors.IntLib 已经加载进来，所有的元件库都存放在安装目录下的 Library 文件夹中。

如果已经将元件所在的库加载进来，此时查找放置元件可以通过"配线"工具栏上的"放置元件"按钮执行。单击该按钮后，将弹出如图 2-1-4 所示的对话框。

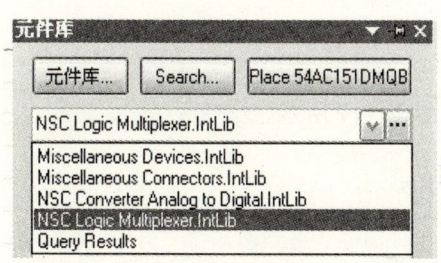

图 2-1-3　加载元件库后的元件库面板

图 2-1-4　放置元件

在"放置元件"对话框的"库参考"后输入所要放置的元件的名称。

Header 4,在"标志符"后输入元件的序号 JP1,在"注释"后输入元件所显示的注释"Header 4",在"封装"后选择该元件所对应的封装。

一般情况下,当用户在"库参考"后输入元件的名称后,系统会提供和该元件相对应的编号、注释和封装。用户也可以根据需要做适当修改。

单击"确定"按钮后,系统就会从加载进来的库中查找到元件 Header 4,如图 2-1-5 所示。在图纸上合适的位置单击,即可将元件放置。

继续单击可以连续放置,同时会发现元件的序号递增。如第 1 次设置的元件序号为 JP1,第 2 次放置元件编号为 JP2,依次类推。

"放置元件"按钮的功能等同于菜单"放置"/"元件…"。

在放置元件的过程中,可以根据需要按 X 键实现左右翻转,按 Y 键实现上下翻转。

按照以上方法查找放置好所有器件,调整布局并设置属性,如图 2-1-6 所示。

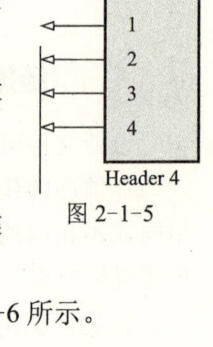

图 2-1-5

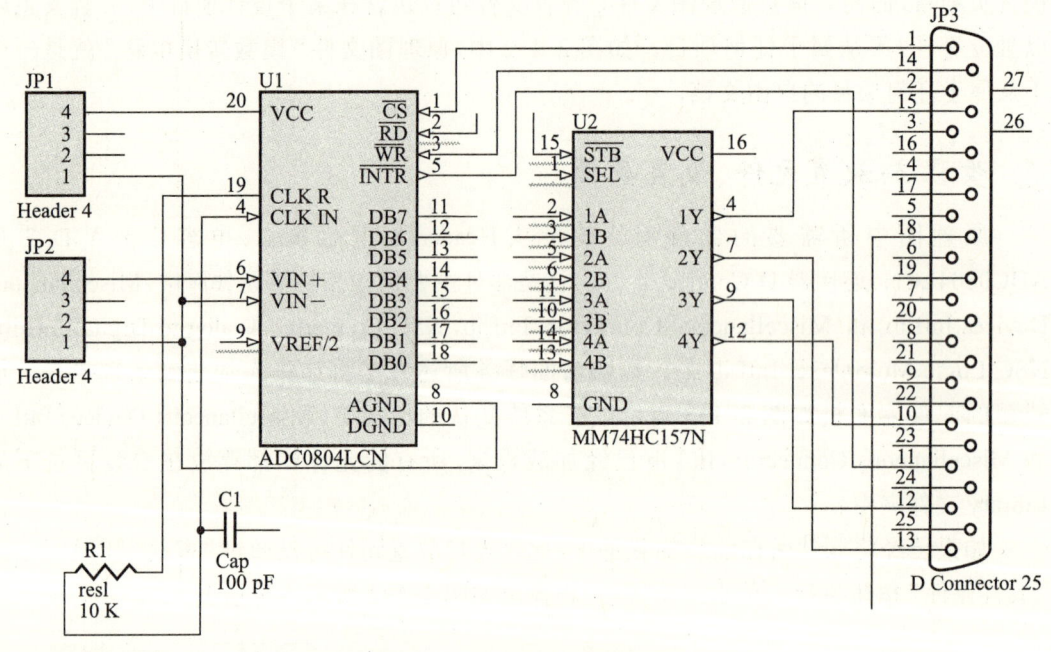

图 2-1-6 布局完成的电路图

步骤 4:绘制导线

参照如上方法,绘制图中所有导线,完毕如图 2-1-7 所示。

步骤 5:保存文件并退出 Protel DXP

项目二 模/数转换电路的绘制

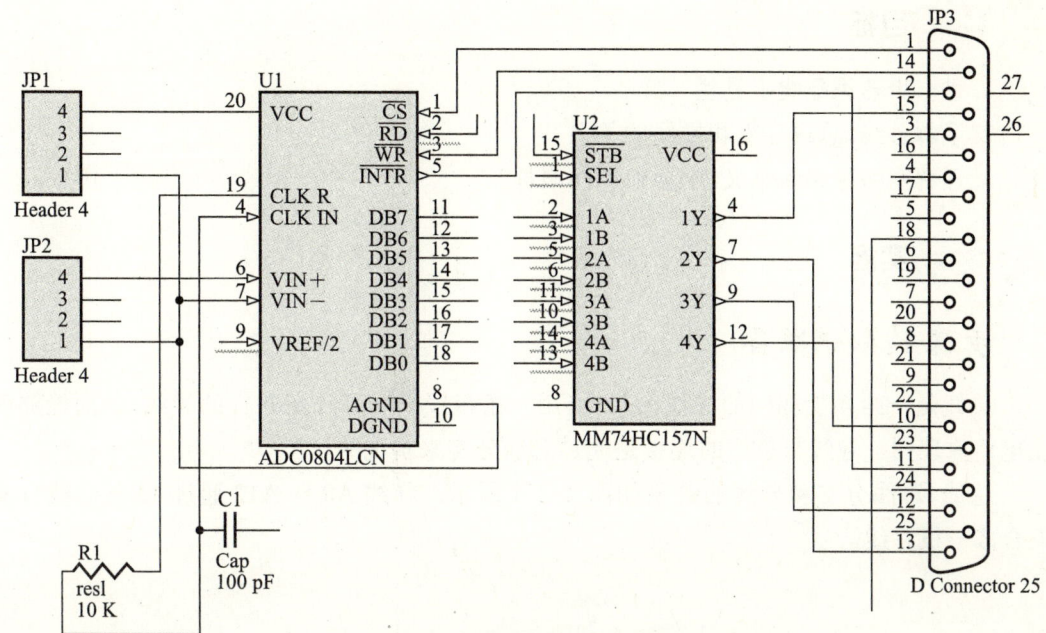

图 2-1-7 导线连接后的原理图

任务评价

项　目	配分	评价标准	得分
已有知识应用	10		
新知识应用	20		
创新与实践能力	30		
学习兴趣与积极性	15		
团队协作与纪律	10		
小组评价			
教师评价			

任务二　总线的绘制及网络标号的使用

任务描述

在了解总线、总线分支和导线的关系基础上,通过"配线"工具栏实现总线的绘制,并加注网络标号。

##

1. 进一步熟悉配线工具栏
2. 了解总线、总线分支和导线的关系
3. 理解网络标签的意义，学会使用网络标签

任务实施

步骤1：知识准备

总线是一组功能相同的导线的集合，用一条粗线来表示几条并行的导线，从而能够简化电路原理图。导线与总线的连接是通过总线分支来实现的。

总线、总线分支和导线的关系如图2-2-1所示。导线A0～A12通过13条总线分支汇合成一根总线。

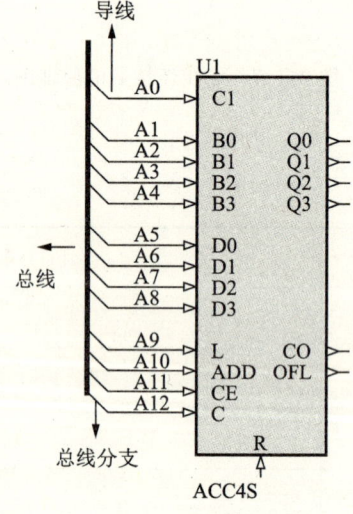

图2-2-1　导线、总线和总线分支的关系

步骤2：总线的绘制

运行 Protel DXP 2004，打开上次任务保存的文件"模数转换电路.SchDoc"。

1. 工具栏操作

单击工具栏上的"放置总线"工具按钮，进入放置总线状态，将光标移动到图纸上需要绘制总线的起始位置，单击鼠标左键确定总线的起始点，将鼠标移动到另一个位置，单击鼠标左键，确定总线的下一点。当总线画完后，单击鼠标右键或者按下 ESC 键即可退出放置总线状态。

2. 菜单操作

绘制总线也可以通过菜单"放置"/"总线"进行。在画线状态时，按 Tab 键，即会弹出"总线属性"对话框，如图2-2-2所示，在该对话框中可以修改总线的宽度和颜色。

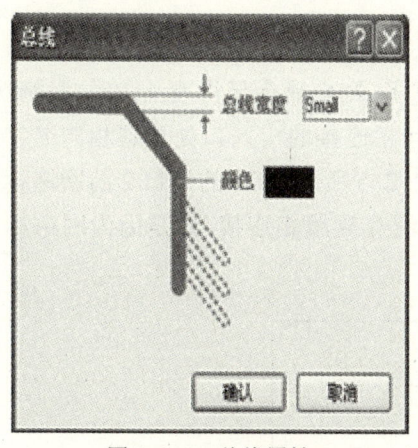

图 2-2-2 总线属性

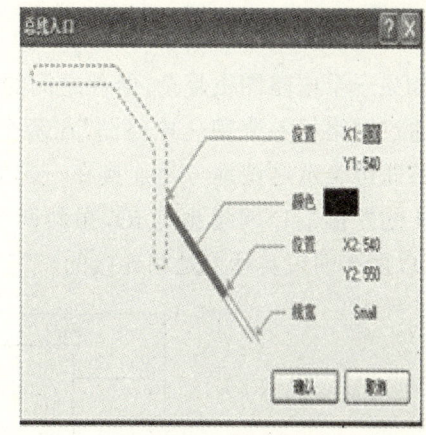

图 2-2-3 总线分支

步骤 3：总线分支的绘制

1. 工具栏操作

单击工具栏上的"放置总线分支"按钮，进入放置总线分支的状态，将鼠标移动到总线和导线之间，单击鼠标左键就可以放置了。总线分支是 45°或 135°倾斜的短线段，长度是固定的。在绘制过程中可以按空格键在 45°和 135°之间进行切换。

2. 菜单操作

绘制总线分支也可以通过菜单"放置"/"总线分支"来执行。在画线状态，按 Tab 键，即会弹出"总线分支"对话框，如图 2-2-3 所示，可以在该对话框中设置总线分支的颜色、位置和宽度。

按照以上绘制方法完成图 2-1-7 中元件 U1 和 U2 之间总线和总线分支的绘制。完成后效果如图 2-2-4 所示。

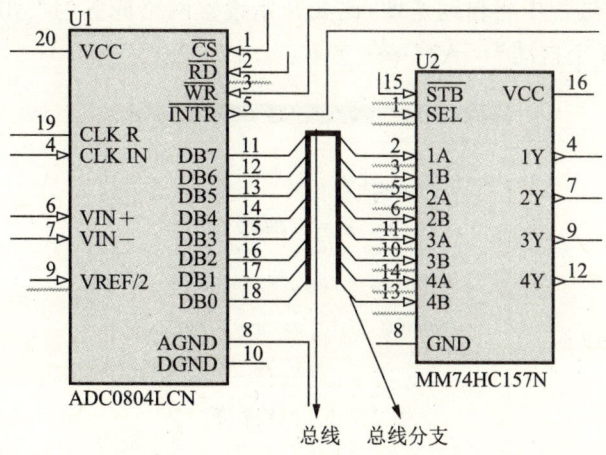

图 2-2-4 完成总线和总线分支后的效果

步骤4:网络标签的使用

如果一个电路图很复杂,器件之间的连线非常多,则电路会显得凌乱,在这种情况下,可以通过网络标签来简化电路图,在两个或多个互相连接的出入口处放置相同名字的网络标签即可表示这些地方是连接在一起的,如图2-2-5所示。D1的端口2的网络标签为IO,R1的左侧端口网络也为IO,虽然两个端口并没有导线相连,但是因为网络标签相同,所以两个端口实际上是相连接的。

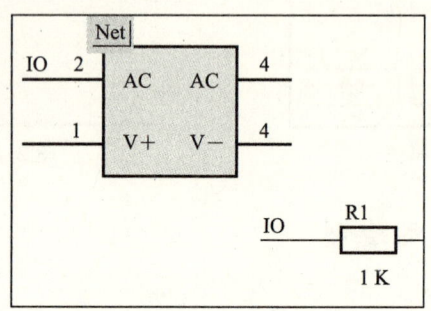

图2-2-5 网络标签的作用

1. 工具栏操作

单击配线工具栏上的"放置网络标签"按钮后,进入放置网络标号状态,光标处将出现一个虚框,将虚框移动到需要放置网络标号的位置,单击左键可以放下网络标号,将光标移到其他位置可以继续放置,单击右键或者按ESC键可以退出放置状态。

2. 菜单操作

也可以通过菜单"放置"/"网络标签"来执行。

在网络标签的放置过程中,如果按下Tab键,将弹出网络标签属性对话框,如图2-2-6所示,可以在其中改变网络标签的内容和字体格式。设置网络标签内容后,如果最后是数字,则在继续放置的过程中将自动递增,比如开始设置网络标签为"A0",在第2个网络标签自动为"A1",第3个自动为"A2"……

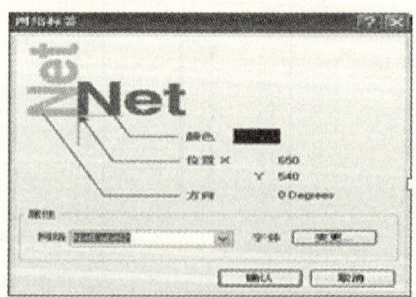

图2-2-6 网络标签

参照图2-1可知,本例中共有C1、C2、C3……C8等网络标签。按照上述步骤在图中添加网络标号标签,完毕后如图2-2-7所示。绘制完成后如图2-2-8所示,整个电路图完成。

项目二 模/数转换电路的绘制

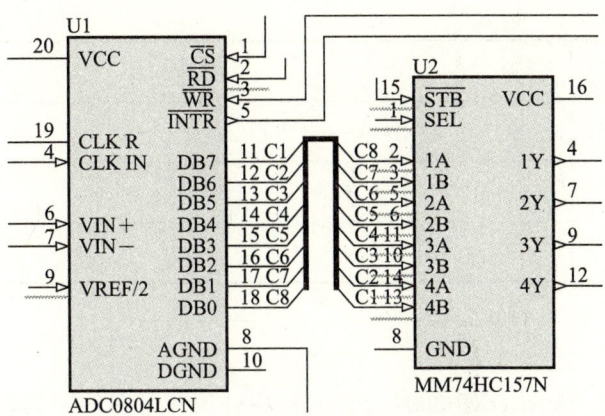

图 2-2-7 放置完网络标签的效果图

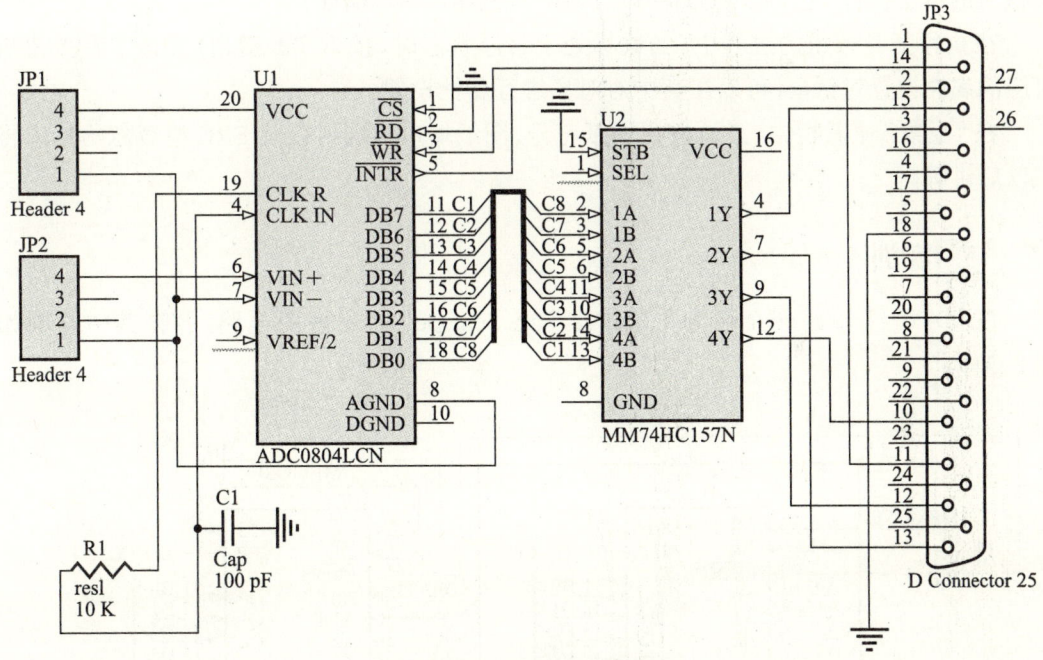

图 2-2-8 最终完成原理图

任务评价

项　目	配分	评价标准	得分
已有知识应用	10		
新知识应用	20		
创新与实践能力	30		
学习兴趣与积极性	15		

续表

项目	配分	评价标准	得分
团队协作与纪律	10		
小组评价			
教师评价			

项目小结

"配线"工具栏是 Protel DXP 2004 绘图过程中使用非常多的工具栏,工具栏上的各项命令和菜单"放置"中的各项命令是相对应的。如放置网络标号,既可以通过"配线"工具栏上的按钮执行,也可以通过菜单"放置"/"网络标签"执行。

在执行工具按钮的过程中,当鼠标处于悬浮状态时,按下 Tab 键,打开该工具按钮所对应的属性设置对话框,可以在其中对对象进行属性设置。

在"配线"工具栏中,工具按钮图纸符号、图纸端口和端口以及 ERC 检查忽略标志将在以后讲解。

项目实训

在"D:\"下新建一个名为"存储器电路.SchDoc"的原理图电路,并在其中绘制如图 2-2-9。

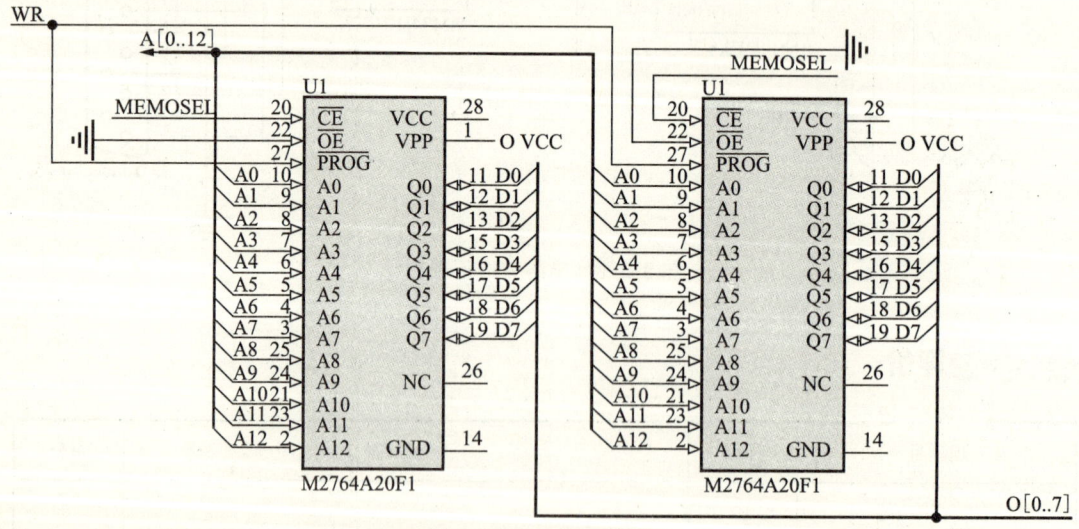

图 2-2-9 存储器电路图

项目三

LED驱动电路图的绘制

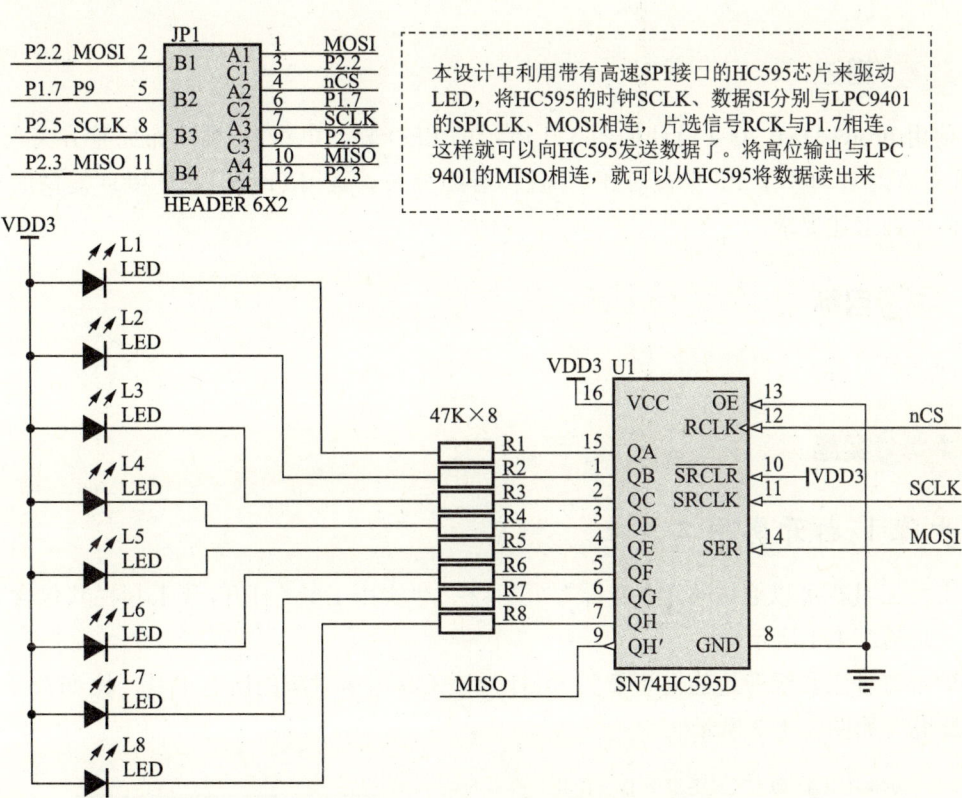

图 3-1 LED 驱动电路

为了使绘图更加方便和快捷，Protel DXP 2004 提供了一个实用工具栏，其中包含了对原理图进行修饰的实用工具组、对元件布局进行调整的调整工具组、用来放置各种类型接地和电源符号的电源工具组，提供了各种常用电子器件的数字式设备工具组，提供了各种仿真电源符号的仿真电源工作组以及用于设置网格的网格工具组。本项目运用实用工栏来实现电路图的绘制。

 项目目标

1. 掌握实用工具组中各工具按钮的使用及其属性的设置
2. 掌握调准工具组中各工具按钮的使用
3. 掌握电源工具组中各工具按钮的使用及其属性的设置
4. 掌握数字式设备工具组各工具按钮的使用及属性的设置
5. 掌握仿真电源工具组各工具按钮的使用及属性的设置
6. 掌握网格工具组中各工具按钮的使用

 项目实施

任务一　LED 驱动电路图的绘制

 任务描述

使用 Protel DXP 2004 设计如图 3-1 所示的 LED 驱动电路图,要求布局整齐美观,L1 至 L8 垂直对齐,R1 至 R8 垂直对齐,并且都等距分布。运用 Protel DXP 2004 提供的实用工具栏达到上述要求。

 任务目标

同项目目标。

 任务实施

步骤1:打开实用工具栏

实用工具栏可以通过菜单"查看"/"工具栏"/"实用工具"打开,该工具栏共包含 6 组工具。如图 3-1-1 所示。

单击每种工具组旁边的向下箭头,可打开该工具组所对应的所有工具。比如打开"实用工具组",如图 3-1-2 所示。

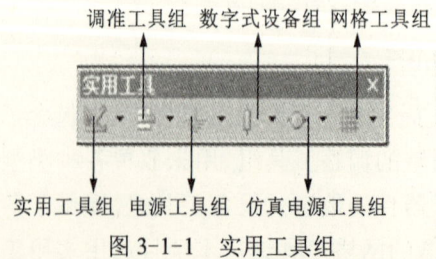

图 3-1-1　实用工具组

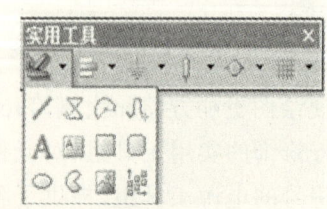

图 3-1-2　实用工具组中的各工具

步骤2：新建设计项目和文件

新建设计项目和电路原理图文件，分别命名为"LPC9401实验电路图.PrjPCB"和"LED驱动电路图.SchDoc"。

步骤3 放置元件、设置属性

1. 放置 HEADER 6X2

该元件所在的库为 Miscellaneous Connectors.IntLib，查看"元件库"面板，如果该库没有加载进来，则按照前面所讲述的方法将该元件库加载进来。

单击"配线"工具栏上的"放置元件"按钮，在弹出的"放置元件"对话框中，在"库参考"后输入元件名"Header 6X2"，系统将在加载进来的库中查找到该元件，单击确定按钮后，在图纸的合适位置单击放置器件，并器件的编号设置为JP1，如图3-1-3所示。

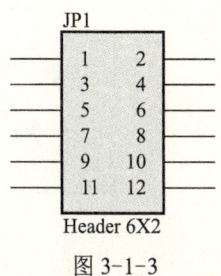

图 3-1-3

2. 查找放置器件 SN74HC595D

单击元件库面板上的"查找…"，在弹出的"元件库查找"对话框中，在上方的文本框中输入要查找的器件名称 SN74HC595D，然后单击确定按钮。

等待几秒钟后，系统会将所有查找到的器件显示在"元件库"面板中，如图3-1-4所示。

双击查找到的元件名"SN74HC595D"，按 X 键将该元件左右翻转，然后将鼠标移动到图纸的合适位置单击确定该元件在图纸中的位置。修改元件的编号为 U1。

该元件所在的库为 TI Logic Register.IntLib，也可先安装元件库，然后使用该元件。

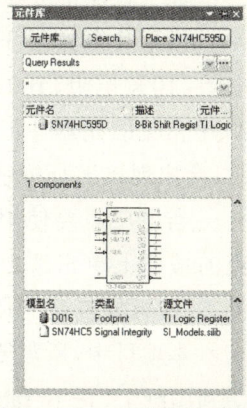

图 3-1-4 查找到的元件

3. 查找放置元件发光二极管 LED

该器件所在的库为 Miscellaneous Devices.IntLib。在"元件库"面板中找到该元件库，在其所对应的元件中找到元件 LED1，在图纸中按照图3-1-5所示放置8个，并设置其分别为 L1、L2、L3……L8。

4. 放置电阻

在绘制电路的过程中，电阻、电容、非门、或门等元器件的使用频率非常高。在"实用工具"栏中，这些经常使用到的元件以工具组的形式显示在绘图窗口中，从而方便用户快速地绘图。

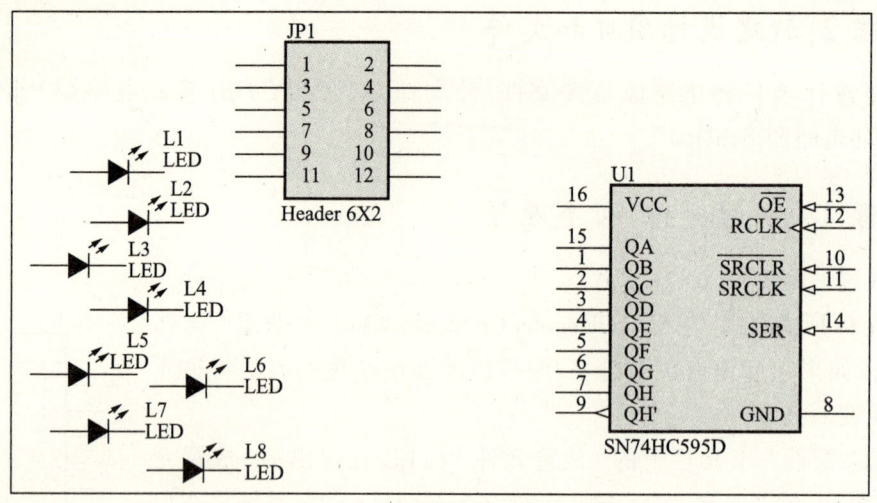

图 3-1-5 放置发光二极管 LED

知识链接

数字式设备工具组的介绍。

该工具组如图 3-1-6 所示。共包含 1 K 电阻、4.7 K 电阻、10 K 电阻、100 K 电阻、0.01 uF 电容、0.1 uF 电容等 20 个常见的元器件工具。当鼠标停留在某个工具按钮上时,会出现该工具按钮的属性提示。

当用户需要使用某个元件时,只需要在该元件所对应的按钮上单击选中,然后将鼠标移动到图纸中的合适位置,即可放置该工具所对应的元件。

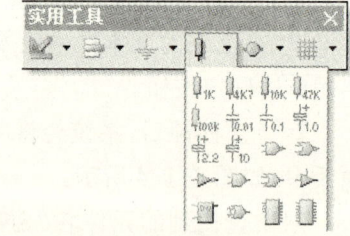

图 3-1-6 数字式设备工具组

本项目中,所需要使用的电阻为 47 K,用鼠标单击选中 47 K 电阻工具按钮,将鼠标移动到图纸上,按下 Tab 键,设置其序号为 R1,将注释和 Value 的值设置为"不可视"。然后参照图 3-1-7 放置 8 个电阻。

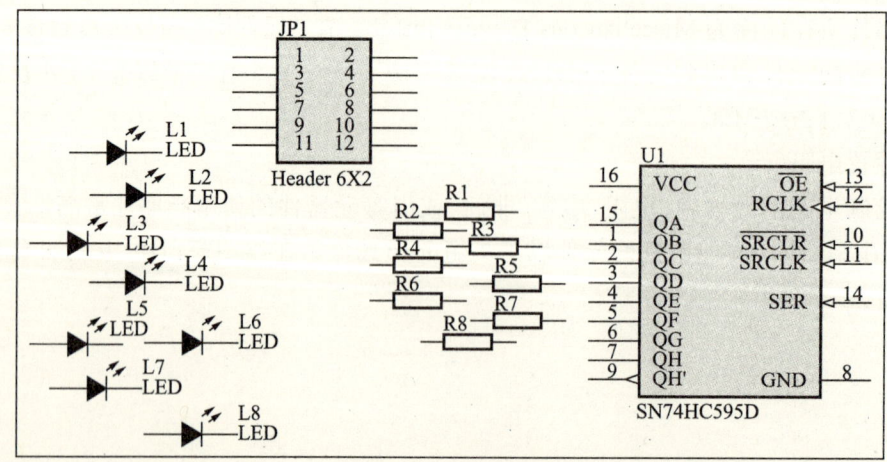

图 3-1-7 放置电阻

步骤4：元件的布局

1. 发光二极管的对齐操作

单击选中发光二极管 L1,按住 Shift 键,依次单击 L2、L3……L8,将 8 个二极管全部选中,如图 3-1-8 所示。

单击"实用工具"栏上的调整工具组按钮旁的箭头,在弹出的工具组中选中左对齐工具按钮,如图 3-1-9 所示。左对齐后的效果如图 3-1-10。此时元件垂直之间的距离还不均匀。再次单击选中调准工具组中的"垂直等距分布"按钮,元件将在垂直方向间距均匀分布。垂直等距分布后的效果如图 3-1-11 所示。

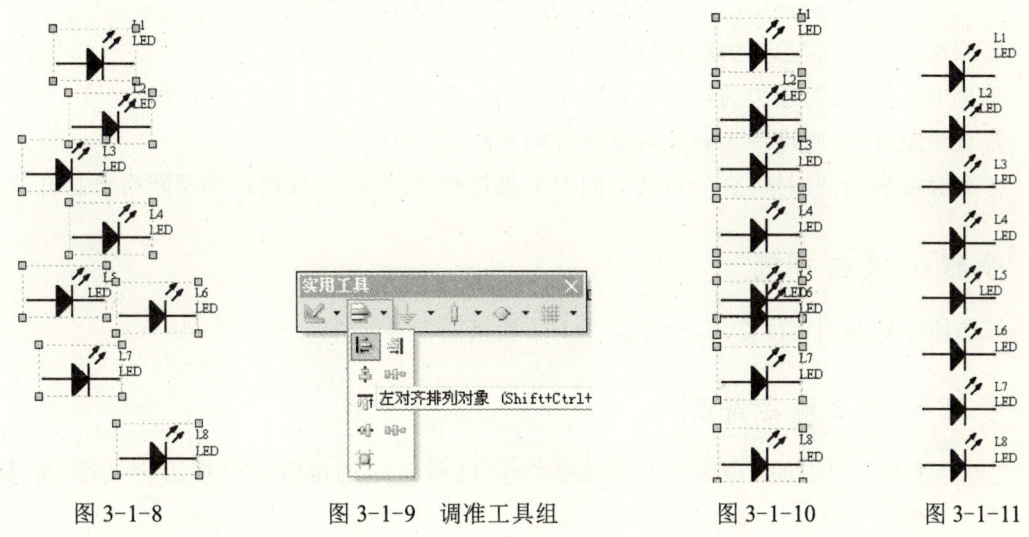

图 3-1-8　　　　图 3-1-9　调准工具组　　　　图 3-1-10　　　　图 3-1-11

2. 电阻的对齐操作

按照以上方法将 8 个电阻对齐并垂直等距排列,并适当调整元件编号的位置,参照图 3-1-12。

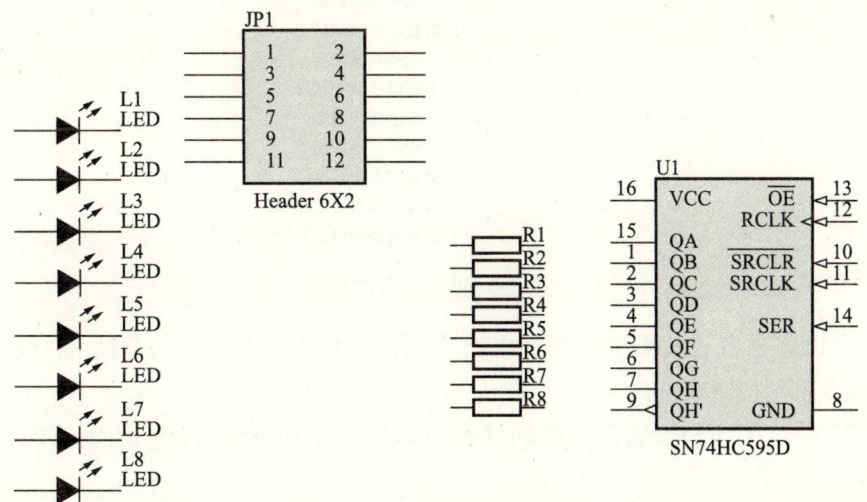

图 3-1-13　调整好布局的元件

> **知识链接**

调准工具组中各工具的介绍。

需要提醒的是,只有在已经将需要调准的对象选择好后,调准工具组中各工具按钮才有效;否则调准工具组中各工具呈现不可用状态。

左对齐工具:将选中的对象以最左边的对象为目标,所有器件左对齐。

右对齐工具:将选中的对象以最右边的对象为目标,所有器件右对齐。

水平中心排列:将选中的对象以水平中心的对象为目标进行垂直对齐排列。

水平等距分布:将选中的对象沿水平方向等距离均匀分布。

顶部对齐工具:将选中的对象以最上边的对象为目标顶部对齐。

底部对齐工具:将选中的对象以最下边的对象为目标底部对齐。

垂直中心排列:将选中的对象以垂直中心的对象为目标进行水平对齐排列。

垂直等距分布:将选中的对象沿垂直方向等距离均匀分布。

排列对象到当前网格:表示将选中的对象都排列到网格上,前提条件是网格已打开。

步骤5:连接导线

按照所学导线的使用方法,参照图3-1-1连接图中各元件。

步骤6:放置电源符号

"实用工具"栏中的"电源"工具组提供了11种常用的电源符号供用户使用,如图3-1-13。

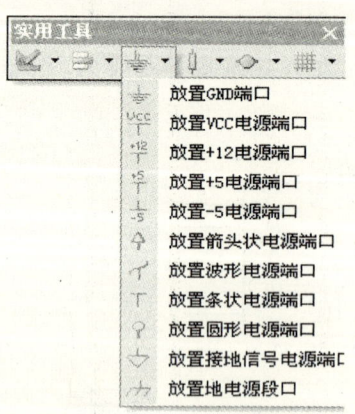

图 3-1-13 电源符号

用户可以根据自己的需要选择其中的电源符号使用。各按钮的功能和"配线"工具上的"电源"工具按钮等价。

参照图3-1,在前一步骤已经绘制好的原理图中添加电源符号。绘制完的效果如图3-1-14所示。

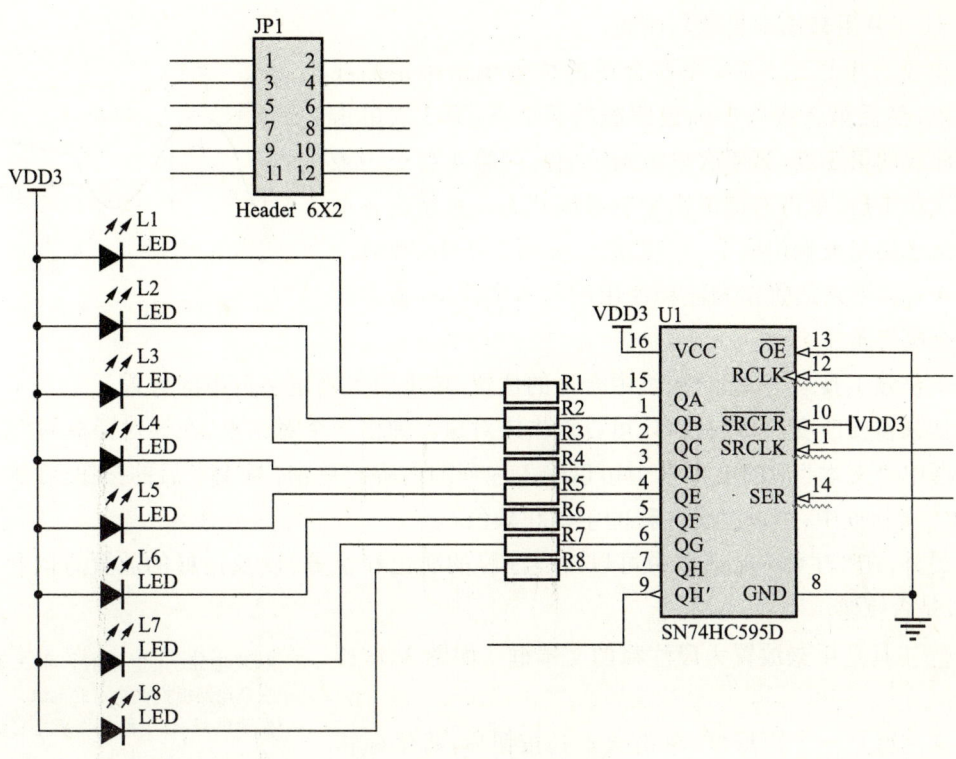

图 3-1-14 完成的效果图

知识链接

实用工具组中各工具的功能及使用方法介绍。

该工具组中各工具的功能和使用方法如下:

╱ 工具用于画直线,使用方法和导线一样。

▽ 工具用于画多边形,单击选中该工具后,将鼠标移动到图纸上,在合适的位置单击左键确定多边形的起始点,然后继续移动鼠标到合适的位置,单击左键可以确定多边形的一个拐点,依次类推,每次单击都可以确定多边形的一个拐点。最后将鼠标移动到起始点,单击左键确定,然后可以单击右键退出绘图状态。可以绘制规则或不规则的多边形。

⌒ 工具用来绘制椭圆弧,如图 3-1-15 所示。

绘制一个椭圆弧有 5 要素,即圆心、长轴半径、短轴半径、圆弧起点、圆弧终点。

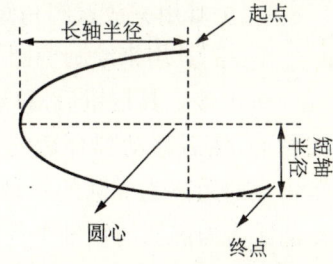

图 3-1-15 圆弧五要素

单击选中该工具后,移动到图纸中合适的位置,单击确定圆心的位置,然后移动鼠标到合适的位置单击,此时第 2 次单击点距离一次单击点的距离就是椭圆的长轴半径;再移动鼠标到合适的位置单击,第 3 次单击点距离一次单击点的距离就是椭圆的短轴半径;第 4 次单击确定椭圆弧的起点,第 5 次单击确定椭圆弧的终点位置。

〽️工具用来绘制贝塞尔曲线。

单击选中该工具后,先在合适的位置单击确定曲线的起点,然后第 2 次单击确定曲线的第 2 点,第 3 次单击确定曲线的第 3 点,第 4 次单击确定曲线的第 4 点……最后一次单击后,单击右键退出绘制导线状态。系统将各个单击点连接起来就构成了一个曲线。如图 3-1-16 所示。

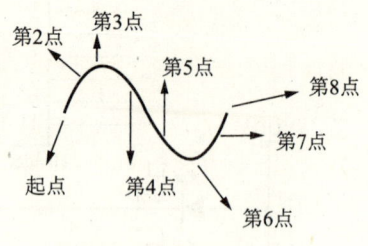

图 3-1-16　贝塞尔曲线

A 工具用来放置作为注释使用的文本字符串,该字符串没有电气属性。

单击该工具后,移动到图纸中合适的位置,单击即可确定字符串的位置。

如果需要改变注释的内容,可以双击该对象。弹出一个对话框,在该对话框的"注释"属性框中,"文本"后的文本框中可以输入注释的内容。单击"字体"后的按钮,在弹出的"字体"对话框中,可以改变注释的字体和颜色。

另外,在"注释"对话框中可以改变注释的颜色和位置,以及注释的放置方向和对齐方式,是否镜像。

🔲工具是用来放置大段注释的文本框。如图 3-1-17 所示。

该注释是一个矩形框,单击该工具按钮后,将鼠标移动到图纸中合适的位置单击,可以确定矩形框的左上角点,然后移动到另一个点单击,可以确定矩形框的右下角点。绘制完毕按右键退出。双击矩形框,将弹出一对话框,可以在该对话框中改变注释的内容、字体格式、位置、是否显示边界、是否有填充色等。

电源电路:该电路的作用在于为整个电路板提供稳定的电源。
显示电路:该电路的作用是将结果通过 LCD 显示出来。

图 3-1-17　文本注释框

🔲工具用来放置矩形。单击选中该工具后,先单击确定矩形一个角点,移动鼠标到合适的位置再次单击,确定矩形的另一个角点。放置完毕后,单击右键退出。双击矩形,可以在打开的对话框中修改矩形的边框颜色、宽度、填充颜色以及矩形的位置等。

🔲工具用来放置圆角矩形,使用方法同上。

⬭工具用来绘制椭圆

单击该工具按钮后,移动到图纸中合适的位置单击确定椭圆的圆心,然后移动到合适的位置单击,第 2 次单击点距离第 1 次单击点的距离为椭圆的长轴半径,第 3 次单击点距离第 1 次单击点的距离为椭圆的短轴半径。绘制完毕,单击右键退出。

🥧工具用来绘制馅饼。如图 3-1-18 所示。

单击该工具按钮后,移动到图纸中合适的位置单击确定馅饼的圆心,然后移动到合适的位置单击,确定馅饼的半径,第 3 次单击确定馅饼的起点位置,第 4 次单击确定馅饼的终点位置。

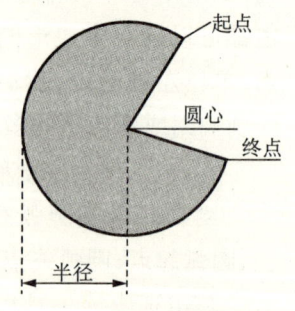

图 3-1-18　馅饼图

🖼️工具用来在图纸上放置图片。

单击该工具后,将鼠标移动到图纸中合适的位置,第 1 次单击确定图片放置的一个角点,移动鼠标到另一位置单击,确定另一个角点的位置。然后将弹出一个对话框。在该对话框中查找到需要插入的图片,确定后,即可将图片插入进来。

工具的作用是实现阵列式粘贴,也就是一次可以粘贴多个对象。它的功能和菜单"编辑"/"粘贴阵列"功能是等同的。

注意:在执行这些工具的过程中,按下 Tab 键,将弹出该工具的属性设置对话框,可以在该对话框中设置绘制对象的颜色、粗细、位置等相关属性。放置完毕后,如果需要修改对象的属性,也可以双击对象,同样会弹出该对象的属性设置对话框。

步骤7:添加文字注释

参照图 3-1-1,在图中添加如下文字注释:"LED 驱动电路""47K×8""本设计中利用带有高速 SPI 接口的 HC595 芯片来驱动 LED,将 HC595 的时钟 SCLK、数据 SI 分别与 LPC9401 的 SPICLK、MOSI 相连,片选信号 RCK 与 P1.7 相连。这样就可以向 HC595 发送数据了。将高位输出与 LPC9401 的 MISO 相连,就可以从 HC595 将数据读出来"。添加注释后的效果如图 3-1-19。

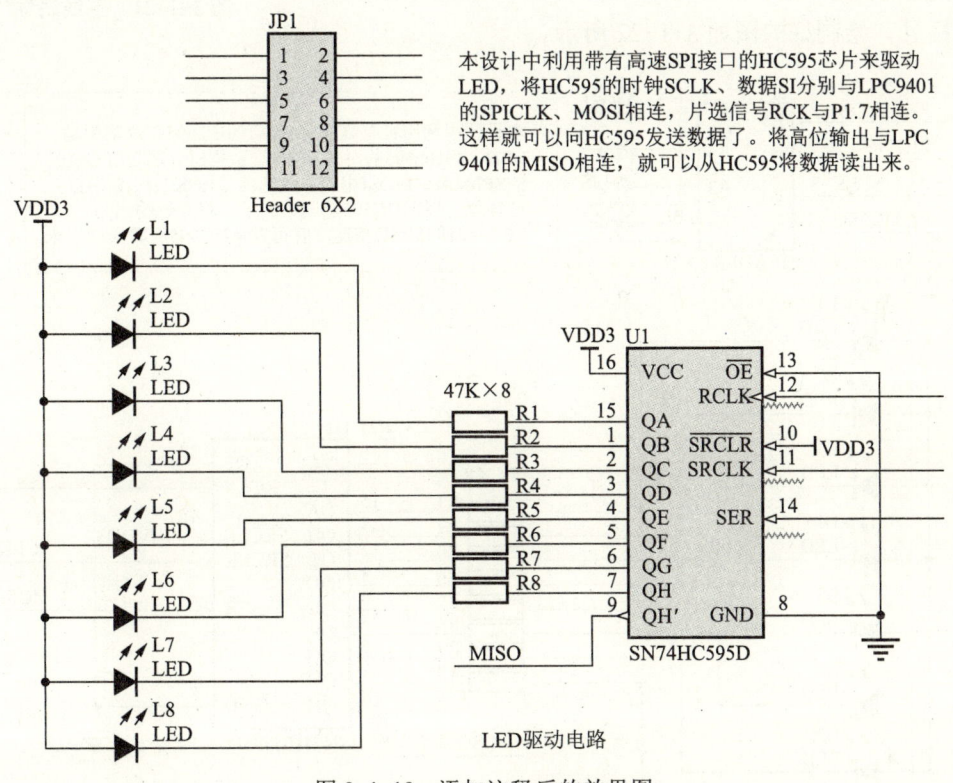

图 3-1-19 添加注释后的效果图

步骤8:添加虚线框

1. 绘制长方形

单击选中"实用工具"组中的"放置直线"工具。在图示 3-1-20 中的 1 处单击确定起点,分别在 1、2、3、4 处单击确定虚线框的拐点,最后在 1 处单击确定终点。

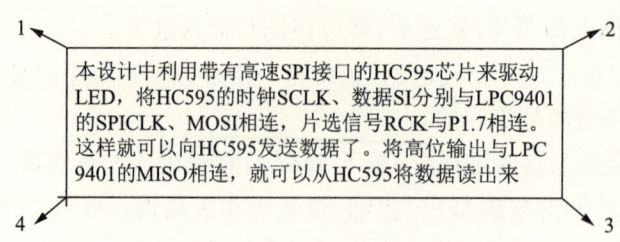

图 3-1-20　虚线框示意图

2. 直线属性设置

单击绘制好的直线，在弹出的对话框中将"线风格"设置为"Dotted"，即是将导线设置为虚线形式，如图 3-1-21 所示。

步骤 9：添加网络标号

根据前面所学习的方法在绘制好的原理图中添加网络标号。绘制好的图如 3-1-22 所示。

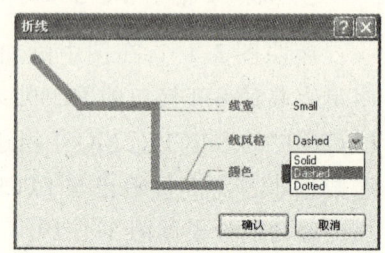

图 3-1-21　直线属性

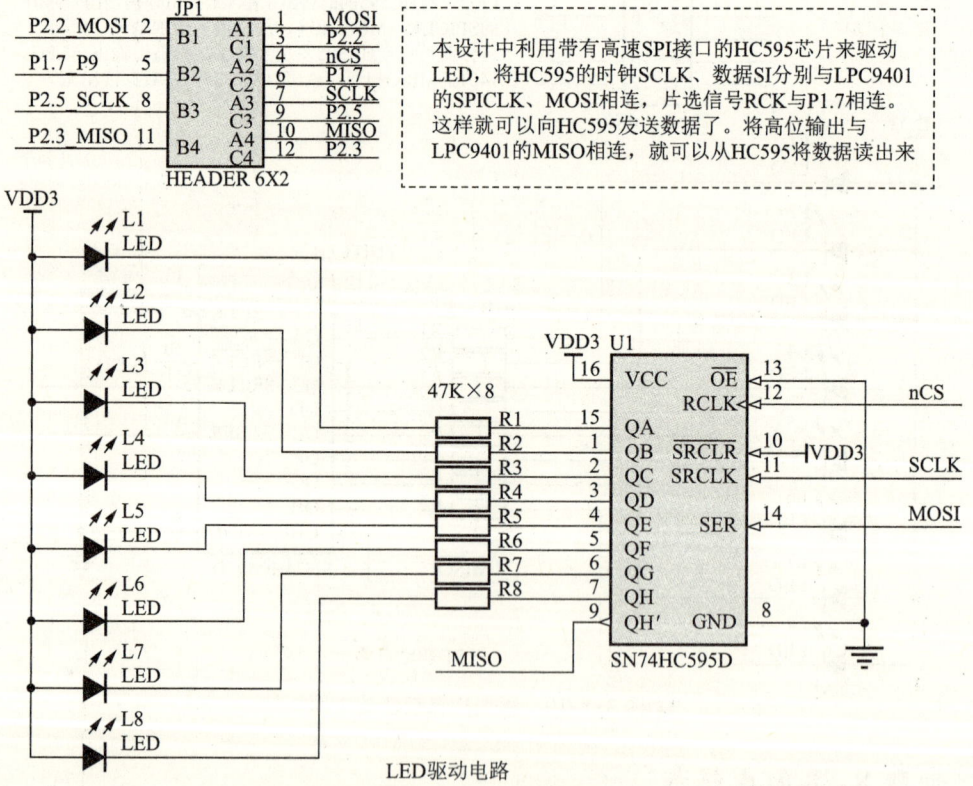

图 3-1-23　绘制完毕的原理图

任务评价

项　　目	配分	评价标准	得分
已有知识应用	10		
新知识应用	20		
创新与实践能力	30		
学习兴趣与积极性	15		
团队协作与纪律	10		
小组评价			
教师评价			

项目小结

"实用工具"栏提供的 6 个工具组为用户提供了极大的方便。在使用过程中用户需要注意以下区别：

1. "配线"工具栏中"导线"按钮和"实用工具"组中"直线"按钮的区别是，前者具有电气属性，而后者没有电气属性。

2. "配线"工具栏中"网络标号"和"实用工具"组中"文本字符串"的区别同上，前者具有电气属性，而后者只是对原理图的说明，没有电气属性。

项目实训

在前面所建的设计项目"LPC9401 实验电路图.PrjPCB"下新建一原理图文件，保存为"键盘电路.SchDoc"，在其中绘制如下电路图。

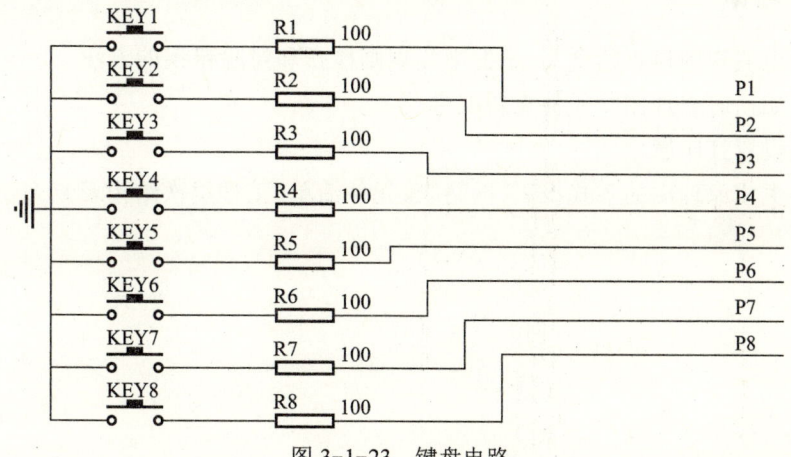

图 3-1-23　键盘电路

项目四

门铃电路的编译及报表的生成

项目描述

电路原理图是具有实际意义的电子元件之间按照一定规则来组织连接的。因此,设计者需要在原理图完成后对其进行检查,以便查出人为的错误。Protel DXP 2004 提供了原理图编译功能,能够根据用户的设置,对整个工程进行检查,又称为 ERC(电气规则检查)。

电气规则检查(ERC)可以按照用户设计的规则进行,在执行检查后自动生成各种可能存在错误的报表,并且在原理图中以特殊的符号标明,以示提醒。用户可以根据提示进行修改。

在绘制复杂电路的过程中,通常会由于元件太多,编号产生混乱,如果逐个手工修改,容易出错,而且很浪费时间。Protel DXP 2004 提供了元件编号管理功能,可以实现自动重新编号。如果是系统自动编号,则不会出现元件编号重复的情况。

在原理图设计完毕后,为了方便查找数据,经常需要打印原理图或输出相关报表。Protel DXP 2004 提供了图纸打印和报表输出功能。

项目目标

1. 理解电气规则检查的含义,掌握电气规则检查和排除错误的方法
2. 掌握如何对原理图中元件重新编号
3. 掌握设置打印属性
4. 掌握生成原理图的各式报表(网络表、元件清单、工程层次结构表)

项目四 门铃电路的编译及报表的生成

项目实施

任务一 门铃电路的编译及报表的生成

任务描述

以项目一中绘制的门铃电路原理图为操作对象,按照如下要求进行操作:
1. 对原理图进行电气规则检查,并排除查找出的错误,掌握忽略 ERC 工具的使用
2. 对原理图中包含的所有元件重新编号
3. 进行打印设置
4. 生成网络表
5. 生成元件清单
6. 生成工程层次结构表

任务目标

1. 了解电气规则检查的内容
2. 掌握电气规则检查设置的操作
3. 学会原理图中元件重新编号的操作
4. 掌握生成原理图的各式报表

任务实施

步骤1:电气规则检查的设置

在对工程项目进行检查之前,需要对工程选项进行一些设置,从而确定检查中编译工具对工程所做的具体工作。项目选项包括错误检查规则、连接矩阵、比较设置、ECO 启动、输出路径和网络选项等项目规则。

单击"项目管理"菜单,选择"项目管理选项…",系统将弹出如图 4-1-1 所示的对话框,该对话框主要对产生报告的类型进行一些设置。

1. "Error Reporting" 标签页

在该标签中,可以设置所有可能出现的错误的报告类型。错误报告类型可以分为四种:error(错误)、Warning(警告)、Fatal Error(严重警告)、No Report(不报告)。

如果用户希望当在项目中出现"网络标号悬浮"(位置错误)这样的错误时,系统的报告类型为"error"。在用户可以在该标签上的"Floating Net Labels"后,将错误类型设置为"error"。

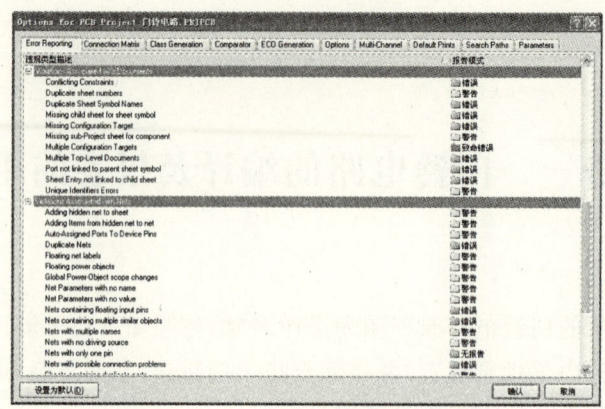

图 4-1-1　工程选项设置对话框

2．"Connection Matrix"标签页

该标签中的选项也是用来设置错误的报告类型的，如图 4-1-2 所示。用户也可以在其中设置产生错误的报告类型。

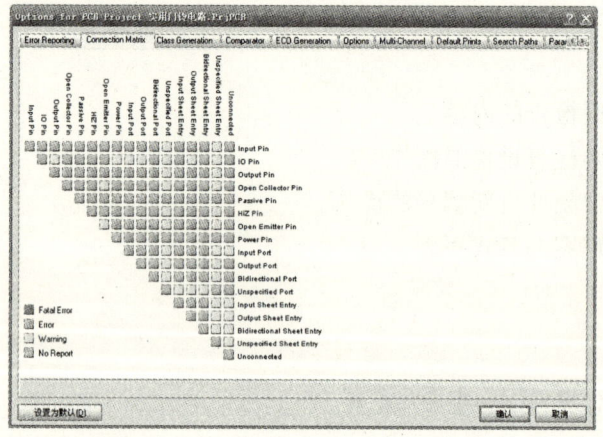

图 4-1-2　电气连接矩阵设置对话框

假如用户希望当进行电气规则检查时，对于元件无源引脚未连接时，系统不产生报告信息，则可以在矩阵的右侧找到 passive pin（无源引脚），然后再在矩阵上部找到 unconnnected（未连接）这一列，持续单击两行列相交处的小方块颜色，直到其变为绿色（不报告），就可以改变电气连接检查后的报告类型。

小方块有 4 种颜色：绿色表示不报告、黄色代表警告、橙色代表错误、红色代表严重错误。

在实际使用过程中，用户一般采用的是系统提供的默认设置，也可根据情况适当调整。

步骤2：项目编译

单击"项目管理"菜单，选择"编译 PCB Project 实用门铃电路"，系统会弹出如图

4-1-3所示的消息(Message)提示框,提示项目中存在的问题。如果没有出现提示框,则单击位于屏幕右小角的System标签,在弹出的选项中选择Message标签,可以打开Message对话框。

在该对话框中,Class表示报告的种类,图4-1-3中两个都是Warning(警告)类型。双击"[Warning]"旁边的小方块,将会弹出一个消息框,提示和这个错误相关的具体信息,如图4-1-4所示。

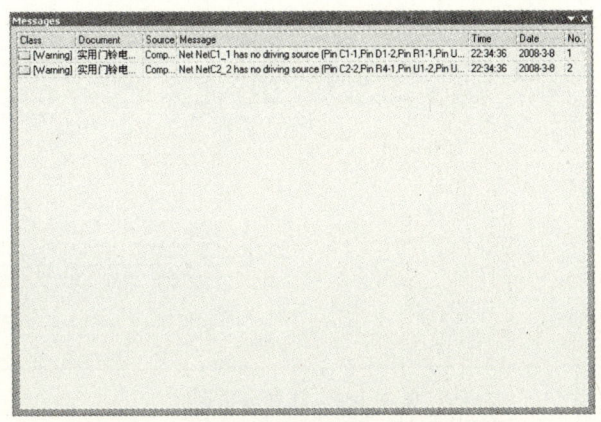

图4-1-3 电气规则检查消息提示对话框

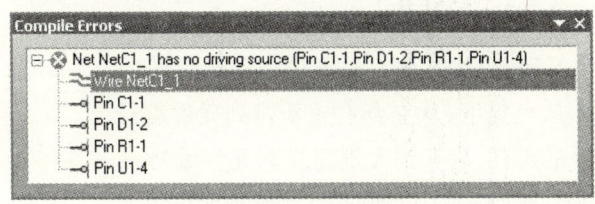

图4-1-4 消息框

两个警告的意思都是类似的,第一个警告是C1的引脚1没有驱动来源,第二个警告是C2的引脚2没有驱动来源。因为本例不需要做仿真,只是绘制原理图,元件是否有驱动来源并不影响,所以可以忽略不计。

如图4-1-1所示,将"net with no driving source"后的报告类型设置为"无报告"。

再次行菜单"项目管理"/"编译PCB Project实用门铃电路",编译后打开消息提示框,发现已无任何提示信息,说明编译无错。

在实际工作和学习中,用户所用到的问题可能很多,Protel DXP 2004给出的编译信息并不都是准确的,用户可以根据自己的设计思想和原理判断该错误信息。

步骤3:元件序号重新排列

对于复杂电路,如果元件很多,则编号很容易混乱。如果采用手工修改,不但浪费时间,还很容易出错。而Protel DXP 2004提供了元件编号管理功能,可以对序号自动按照一定的规则重新排列。"实用门铃电路"称不上是一个复杂电路,在此,我们以它为例,具体介绍元件序号重新编号功能。

1. 操作命令

单击"工具"菜单,选择"注释",将弹出"注释"对话框,如图4-1-5所示。

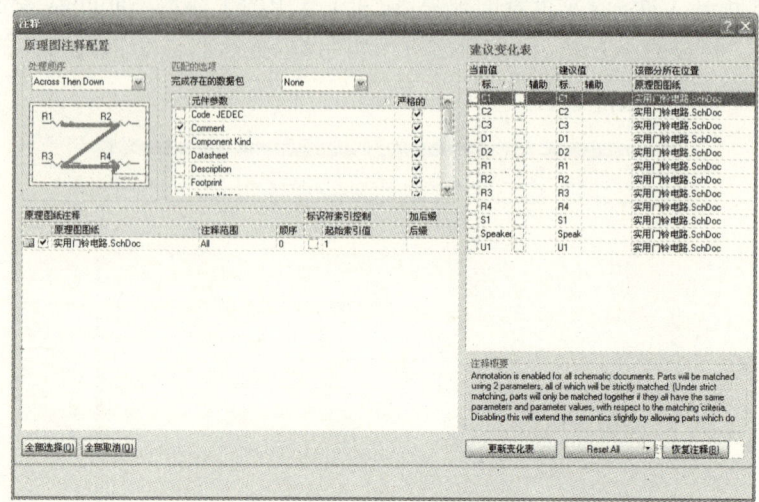

图4-1-5　注释对话框

2. 选择编排方法

对话框左上角的"处理顺序"下拉列表框中提供了4种编号的编排方法:

Up then across:从下到上、从左到右重新排列元件编号。

Down then across:从上到下、从左到右重新排列元件编号。

Across then up:从左到右、从下到上重新排列元件编号。

Across then down:从左到右、从上到下重新排列元件编号。

当用户选择了某种编排方法时,列表框下方将出现一个图形,能够形象地说明该种排列方法。本例中,选择"Up then across"排列方法,即从下到上、从左到右排列。

3. 重新编号

单击对话框中的"Reset All"按钮,将删除原理图中的所有编号,便于重新编号。系统会弹出如图4-1-6所示的对话框,提示用户原理图中发生了哪些变化。本例提示的是共产生了12个变化。

4. 更新编号

单击对话框中的"更新变化表",系统将会弹出信息提示框,提示重新编号后,和原来图形比较,有多少元件编号发生了变化。如图4-1-7,提示原图中共有3处发生了变化。

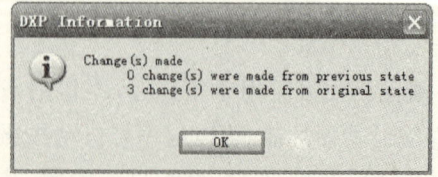

图4-1-6　元件编号消除提示对话框

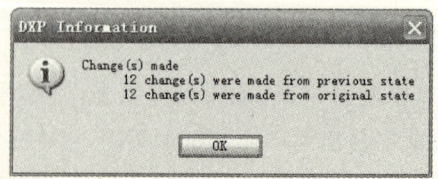

图4-1-7　信息提示框

5. 更新修改

单击对话框中的"建立ECO",弹出如图4-1-8所示对话框,表示将R2设置为R4,R4设置为R2,Speaker设置为Speaker1。

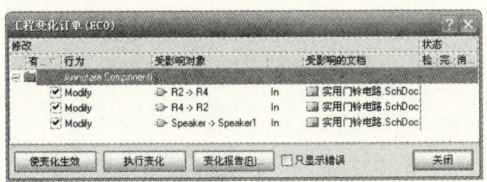

图4-1-8　工程变化订单对话框

6. 确认修改

单击图4-1-8对话框中的"执行变化",系统将会弹出执行修改变化窗口。单击"关闭"按钮,即生效。图4-1-9是编号重排后的原理图。

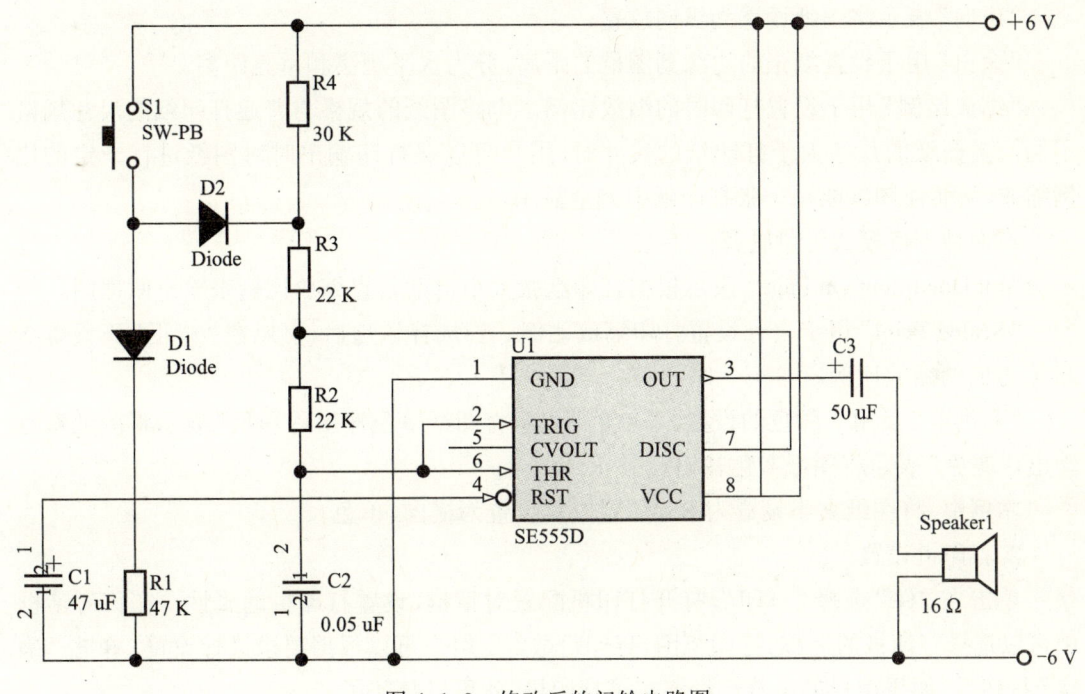

图4-1-9　修改后的门铃电路图

步骤4:打印输出

用户在打印之前,一般需要先进行页面设置,然后进行打印设置。

1. 页面设置

页面设置的主要作用是设置纸张大小、纸张方向、页边距、打印缩放比例、打印颜色设置等。

单击"文件"菜单,选择"页面设定",将弹出如图4-1-10所示的对话框。

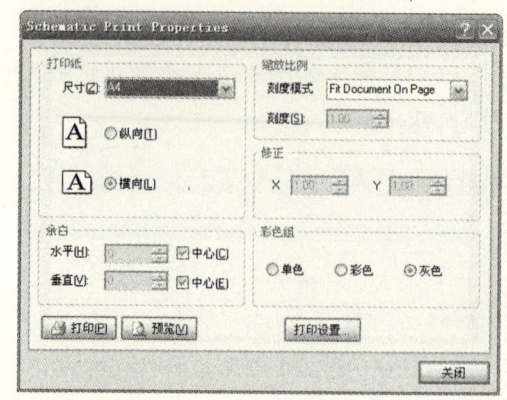

图 4-1-10　页面设置对话框

"尺寸"用于设置打印纸张的大小,可以在其后的下拉列表中选择。

"横向"表示将图纸设置为横向放置。

"纵向"表示将图纸设置为纵向放置。

"余白"用于设置纸张的边缘到图框的距离,分为水平距离和垂直距离。

"缩放比例"用于设置打印时的缩放比例。电路图纸的规格与普通打印纸的尺寸规格不同。当图纸的尺寸大于打印纸的尺寸时,用户可以在打印输出时对图纸进行一定的比例缩放,从而使图纸能在一张打印纸中完全显示。

有两种刻度模式可供选择:

"Fit Document On Page"表示根据打印纸张大小自动设置缩放比例来输出原理图。

"Scaled Print"用于自行设置打印缩放比例。当选择该项后,可以在"修正"下设置 X 和 Y 方向的缩放比例。

"彩色组"后用于颜色的设置。"单色"表示将图纸单色输出,"彩色"表示将图纸彩色输出,"灰色"表示将图纸灰色输出。

本例中,将图纸大小设置为 B5,放置方式设置为横向,单色。

2. 打印机设置

单击"文件"选择"打印",打开打印机配置对话框,设置打印机的属性。在该对话框中可以选择打印机的名称、打印范围、打印份数等。用户可以根据要求进行设置。单击"确定"按钮后,如果用户的电脑已经连接了打印机,就可以打印了。

步骤 5:生成网络表

1. 打开原理图

运行 Protel DXP 2004,打开"实用门铃电路"项目及相应的原理图文档。

2. 设置网络表选项

单击"项目管理"菜单,选择"项目管理选项",打开项目选项对话框。单击"Options"标签,显示 Options 标签页,即可设置网络表选项。

3. 生成网络表

单击"设计"菜单,选择"设计项目的网络表/Protel",就会生成"实用门铃电路"所对应的网络表文件,如图 4-1-11 所示。双击即可打开网络表文件"实用门铃电路.NET"。

知识链接

图 4-1-11 网络表文件

网络表。

网络表是反映原理图中器件之间连接关系的一种文件,它是原理图与印制电路板之间的一座桥梁。在制作印制电路板的时候,主要是根据网络表来自动布线的。网络表也是 Protel DXP 2004 检查、核对原理图和 PCB 是否正确的基础。

网络表可以由原理图文件直接生成,也可以在文本编辑器中由用户手动编辑完成,也可以在 PCB 编辑器中,由已经布好线的 PCB 图导出网络表。

网络表中主要包含元件的信息和元件之间连接的网络信息。

在网络表文件中,包含两部分信息:元件信息以及元件之间的网络信息。

网络前面部分的[ ]中列出的元件信息。如:

[
C1
RB7.6-15
Cap Pol1
]

列出的元件 C1 的信息,该元件的封装为 RB7.6-15,该元件的型号为 Cap Poll。

网络表后面部分的( )中列出的是元件之间的网络信息。如:

(
NetC1_1
C1-1
D1-2
R1-1
U1-4
)

表示网络名为 C1-1,其中所包含的引脚有 C1 的引脚 1、D1 的引脚 2,R1 的引脚 1,U1 的引脚 4。

步骤 6:生成元件清单报表

元件清单报表能够生成原理图中所有的元件信息。如果需要采购原理图中的所有器件,则可以生成元件清单,按照元件清单去购买。

单击"报告"菜单,选择"Bill of Materials"命令,打开元器件清单报表对话框,如图4-1-12 所示。对话框的右边列出了要产生的元件的列表信息。

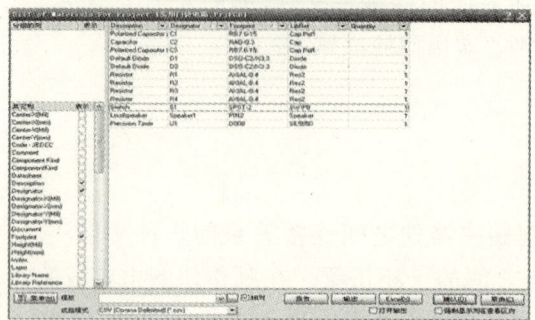

图 4-1-12 元器件清单报表对话框

单击"报告"按钮,将弹出元器件清单报表的预览图,如图 4-1-13 所示。

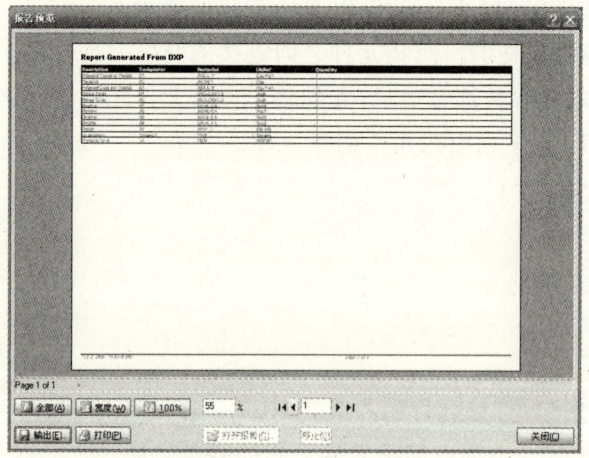

图 4-1-13 报告预览

单击"输出"按钮,将弹出如图 4-1-14 所示的输出对话框。

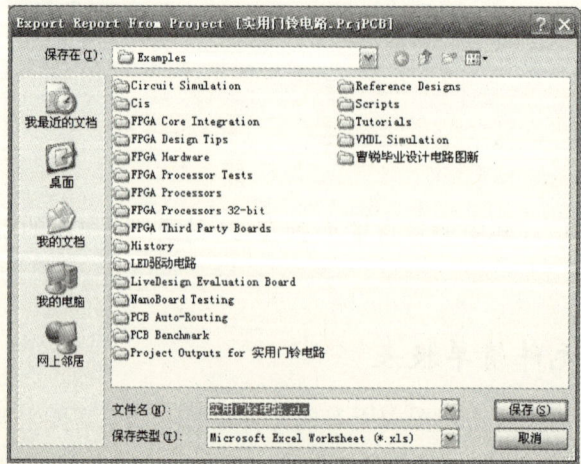

图 4-1-14 输出对话框

项目四 门铃电路的编译及报表的生成

在该对话框中设置保存的名字,选择保存的类型和位置,即可将元件清单输出到指定的文件中了。

任务评价

项 目	配分	评价标准	得分
已有知识应用	10		
新知识应用	20		
创新与实践能力	30		
学习兴趣与积极性	15		
团队协作与纪律	10		
小组评价			
教师评价			

项目小结

电气规则检查并不能检查出原理图功能结构方面的错误,也就是说,假如你设计的电路图原理方面实现不了,ERC 是无法检查出来的。ERC 能够检查出一些人为的疏忽,比如元件引脚忘记连接,或网络标号重复等。当然,用户在设计时,假如某个元件确实不需要连接,则可以忽略该检查。可以在忽略检查的地方放置一个"忽略 ERC"检查点。该工具在"配线"工具栏上,如图 4-1-15 所示。

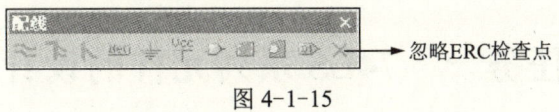

图 4-1-15

项目实训

绘制晶闸管控制闪光灯电路,检查 ERC 错误,并根据提示修改错误,按照 Across then up 方式自动编号,生成网络表、元件清单表、组织结构图。

项目五

创建元件库及元器件

 **项目描述**

Protel DXP 2004 为用户提供了非常丰富的元器件库,其中包含了世界著名的大公司生产的各种常用的元器件 6 万多种。

但是在电子技术日新月异的今天,每天都会诞生新的元器件,所以用户在绘制原理图的过程中,会经常遇到器件查找不到的情况或是库中的器件和需要的元件外观不一样。

当需要使用系统没有提供的元器件时,用户可以自己绘制完成。Protel DXP 2004 提供了强大的元件编辑功能,用户可以根据自己的要求修改系统提供的元件,也可以创建一个新的元器件。

 **项目实施**

任务一 74LS 系列元件的设计

任务描述

创建一个元件库文件"74XX.schlib",按照如下要求在其中创建元件。创建一个 3-8 译码器元件 74LS138,该元件共包含 16 个引脚,各引脚 I/O 属性如下:1、2、3、4、5、6 引脚是 input 引脚;7、9、10、11、12、13、14、15 是 output 引脚;8 和 16 是 power 引脚,属性为隐藏。如图 5-1-1 所示。

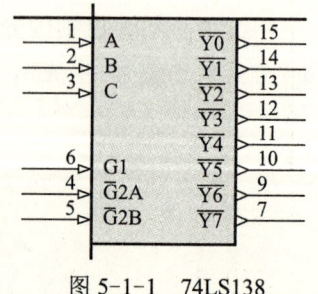

图 5-1-1 74LS138

任务目标

1. 熟悉原理图库文件编辑器的环境
2. 掌握创建库文件和元件的方法

3. 掌握创建各种原理图符号的方法

步骤1：新建库文件

单击"文件"菜单，选择"创建"/"库"/"原理图库"，创建一个原理图库文件，保存为"74XX.schlib"，如图5-1-2所示。双击库文件名"74XX.SCHLIB"，打开库文件。此时窗口的右边就是库文件的编辑界面。

工作窗口上浮动着一个名为"SCH Library"的工作面板，该面板的主要是对原理图元件库中的元件进行管理，如图5-1-3所示。

图 5-1-2　新建库文件

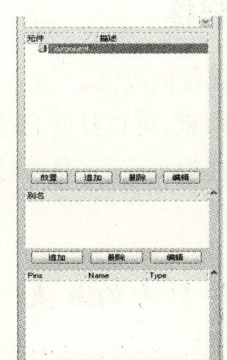

图 5-1-3　SCH Library 面板

步骤2：创建元件

单击"工具"菜单，选择"新元件"，将弹出一个"New Component Name"对话框，在其中输入要创建的元件名字"74LS138"，如图5-1-4所示。

图 5-1-4　New Component Name 对话框

该命令的执行也可以通过单击"SCH Library"工作面板上的"追加"按钮执行。

步骤3：矩形框的绘制

单击实用工具栏上的"绘制矩形"按钮，如图5-1-5所示。移动鼠标到图纸的参考点上，在第四象限的原点处单击鼠标确定矩形的左上角点，然后拖动光标画出一个矩形，再次单击确定矩形的右下角点，如图5-1-6所示。

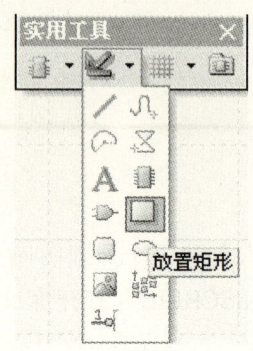
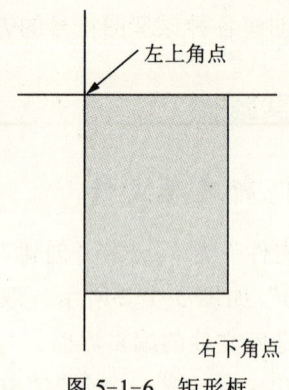

图 5-1-5 "绘图工具栏"上的矩形按钮　　　图 5-1-6 矩形框

矩形框属性的改变。

双击矩形框,可以打开它的属性对话框,在其中修改矩形框的边缘色和边框宽,还可以改变矩形框的填充色,是否透明。矩形框的大小可以通过左下角点和右上角点的坐标来精确修改。

步骤 4:引脚的放置

单击使用工具栏上的"放置引脚"工具按钮,如图 5-1-7 所示。此时光标变成"十"字形,并且伴随着一个引脚的浮动虚影,移动光标到目标位置,单击就可以将该引脚放置到图纸上。需要注意的是,在放置引脚时,有"米"字形电气捕捉标志的一端应该是朝外的。在放置过程中可以按空格键旋转引脚。按照图 5-1-8 放置好 74LS138 的所有 16 个引脚。

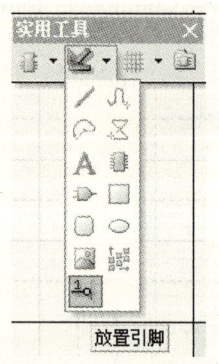
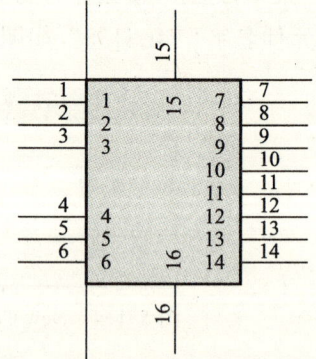

图 5-1-7 放置引脚　　　图 5-1-8 放置好引脚的 74LS138

步骤 5:引脚属性的修改

下面我们以图 5-1-8 中的 1 引脚、7 引脚、15 引脚为例,介绍引脚属性的设置。

将鼠标对准 1 引脚双击,可以打开该引脚所对应的"引脚属性"对话框。将名称改为"A",标志符设置为"1",将电气类型设置为"input",然后单击确定即可。

将鼠标对准 7 引脚双击,打开引脚的属性对话框,将名称改为 "Y\0\",将标志符设置为 15,将电气类型设置为 "output",然后单击确定即可。

将鼠标对准 15 引脚单击,打开引脚属性对话框,将名称设置为 VCC,标志符设置为 16,电气类型设置为 "Power"。单击选中 "隐藏" 后的复选框,将该引脚设置为隐藏。隐藏的引脚将变得不可见。

按照以上方法,将所有引脚属性设置完毕,如图 5-1-9 所示。

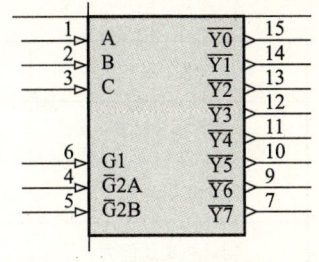

图 5-1-9　设置好引脚属性的 74LS138 修改

知识链接

引脚属性的修改。

当引脚处于放置的悬浮状态时,按下 Tab 键,将打开它的属性对话框。可以在其中对它的属性进行修改。

当需要连续放置多个编号连续的引脚时,这种方法比较快捷。因为它的编号会自动增加 1,而其他属性不变。

在设计一个元件的过程中,要特别注意每个引脚的属性。尤其是电气特性等属性一定要和元件的具体情况相符合,否则在其后的 ERC 检查或仿真过程中,可能会产生各种各样的错误。

步骤 6:74LS138 元件属性的设置

单击 "SCH Library" 工作面板上的 "编辑" 按钮,将打开元件属性设置对话框。在该对话框中,将 "Default"(元件的默认编号)设置为 "U?",将注释设置为 "74LS138"。对话框下方的库参考、描述、类型、模式等设置可以采用默认形式即可,参照图 5-1-10。然后单击 "确定" 就可以了。

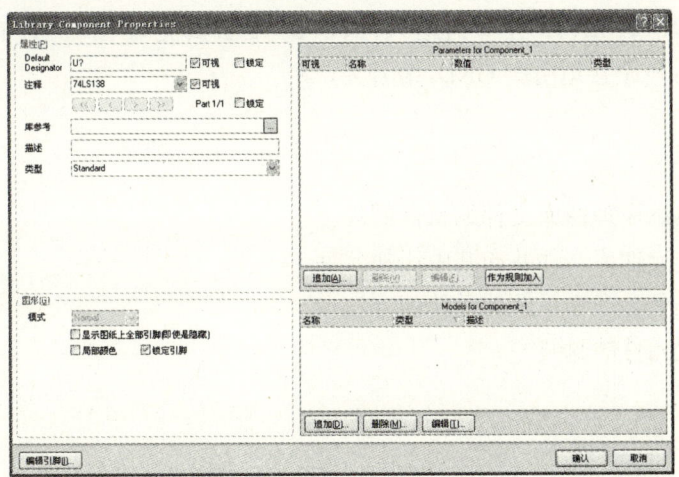

图 5-1-10　元件属性设置对话框

任务评价

项目	配分	评价标准	得分
已有知识应用	10		
新知识应用	20		
创新与实践能力	30		
学习兴趣与积极性	15		
团队协作与纪律	10		
小组评价			
教师评价			

任务二　74LS00 元件的设计

任务描述

打开上次任务中所创建的元件库"74XX.schlib",在其中添加一个名为 74LS00 的器件,该器件包含 4 个子件,如图 5-2-1 所示。

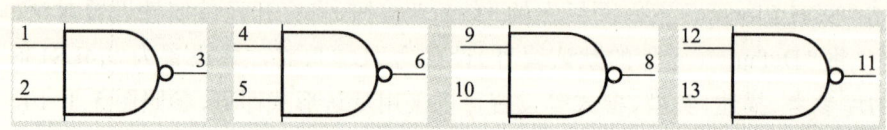

图 5-2-1

1、2、4、5、9、10、12、13 引脚为输入;3、6、8、11 引脚是输出,另外有一个电源引脚 VCC,编号为 14;一个接地引脚 GND,编号为 7。

任务目标

1. 进一步熟悉原理图库文件编辑器的环境
2. 掌握打开元件库文件并向其中添加元件
3. 掌握创建包含多个子件的元件的方法
4. 掌握设置元件的封装

 **任务实施**

步骤1:打开库文件"74XX.SCHLIB"

打开上次任务中所建立的库文件"74XX.SCHLIB"。

步骤2:新建元件"74LS00"

单击"工具"菜单,选择"新元件",在弹出的"New Component Name"对话框中输入新建元件的名字"74LS00",如图5-2-2所示。

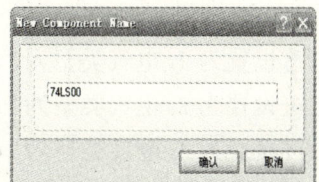

图5-2-2 新建元件对话框

步骤3:Part A 的绘制

Part A 由三根直线和一个圆弧所构成,绘制过程如下。

1. 绘制直线

单击实用工具栏上的放置直线按钮,如图5-2-3所示。移动光标到图纸中,第1次单击确定直线的起点;然后拖动鼠标到合适的位置,第2次单击确定直线的拐点,再次移动鼠标在第3处单击确定拐点,以此类推,完成如图5-2-4图形的绘制。

图5-2-3　　　　　　　　　　　　图5-2-4

2. 绘制圆弧

单击工具栏上放置椭圆弧按钮,如图5-2-5所示。然后移动鼠标到如图5-2-6所示的第1点单击确定圆心,然后将鼠标移动到第2点单击确定圆弧的长轴半径(第2次单击点距离圆心距离),移动到3处单击确定短轴半径(第3次单击点距离圆心的距离,长轴半径和短轴半径是一样的),移动到3处单击确定圆弧的起点,第2处单击确定圆弧的终点,右键退出。

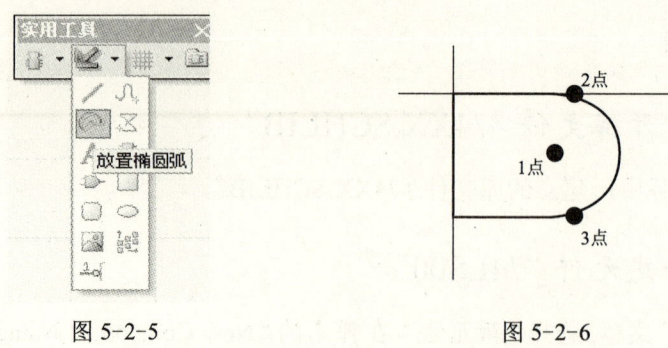

图 5-2-5　　　　　　　　　图 5-2-6

3. 放置引脚

参照图 5-2-1，放置三个引脚。

引脚 1，设置为不可视，标志符设置为 1，电气类型为"input"。

引脚 2，设置为不可视，标志符设置为 2，电气类型为"input"。

引脚 3，设置为不可视，标志符设置为 3，电气类型为"output"，外部边缘设置为"dot"。

因为元件还有电源引脚，所以还需要放置两个电源引脚，如图 5-2-7 所示。

14 引脚：名称为 VCC，标志符为 14，电气类型为 Power。

7 引脚：名称为 GND，标志符为 7，电气类型为 Power。

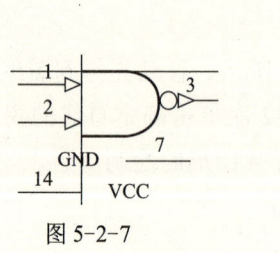
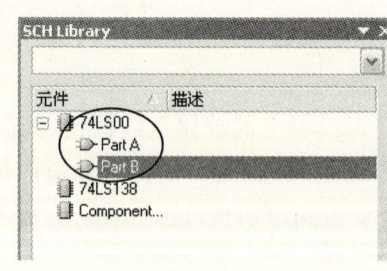

图 5-2-7　　　　　　　　　图 5-2-8

步骤 4：Part B 的绘制

单击"工具"菜单，选择"创建元件"，系统会再次自动打开一个工作区，同时在 SCH Library 工作面板中可以看到元件 74LS00 有两个子件，即 Part A 和 Part B。如图 5-2-8 所示。

Part B 和 Part A 的区别仅仅是元件引脚的不同，所以只需要将 Part A 选中后复制，在 Part B 中粘贴，然后改变元件引脚编号即可。

切换到 Part A：单击 SCH Library 面板中的 Part A，就可以切换到 Part A 中了。选中 Part A 全部，然后执行"编辑"/"复制"。

切换到 Part B：单击 SCH Library 面板中的 Part B，执行"编辑"/"粘贴"，就将 Part A 选中粘贴过来了。

将 Part B 中各引脚的标志符按照图 5-2-1 进行修改，即得到图 5-2-9 所示 Part B。

步骤 5：Part C、Part D 的绘制

按照上述方法，完成 Part C、Part D 的绘制，如图 5-2-10 和图 5-2-11。

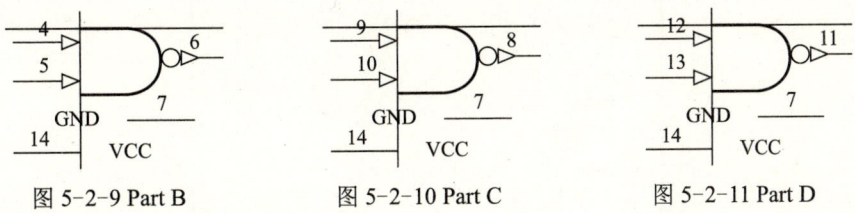

图 5-2-9 Part B　　　　　图 5-2-10 Part C　　　　　图 5-2-11 Part D

步骤 6：隐藏引脚的设置

在元件 74LS00 中，电源引脚 7 和 14 是隐藏的，所以下面将四个子件中的电源引脚 7 和 14 设置为隐藏。

切换到 Part A，双击引脚 7，打开属性对话框，选择"隐藏"后的复选框。然后双击引脚 14，打开属性对话框，选择"隐藏"后的复选框。就可以将两个部分隐藏了。

分别切换到 Part B、Part C、Part D，采用同样的方法，将引脚 7 和 14 隐藏。

步骤 7：74LS00 元件属性的设置

双击 "SCH Library" 面板上的 "编辑" 按钮，如图 5-2-12 所示。打开元件属性设置对话框，将元件的 "Default" 设置为 "U？"，将 "注释" 设置为 74LS00。

单击右下角的 "追加" 按钮，打开如图 5-2-13 所示的对话框。

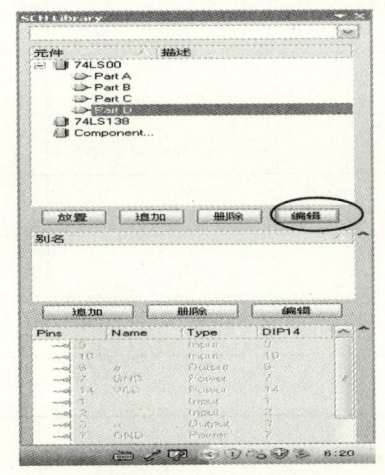

图 5-2-12　SCH Library

图 5-2-13　追加对话框

选择 FootPrint，然后单击确认，弹出如图 5-2-14 所示的对话框。

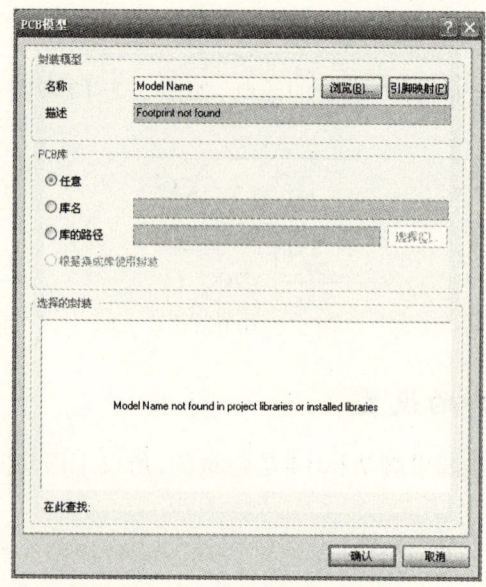

图 5-2-14 封装设置对话框

将名称设置为 DIP14，表示将元件的封装设置为 DIP14 了。至此，包含 4 个子件的 74LS00 就绘制完成了。

任务评价

项　目	配分	评价标准	得分
已有知识应用	10		
新知识应用	20		
创新与实践能力	30		
学习兴趣与积极性	15		
团队协作与纪律	10		
小组评价			
教师评价			

项目小结

设计一个新元件的主要步骤如下：
1. 新建原理图库文件，并保存
2. 新建库元件
（提示：一个库文件中可以包含多个库元件，也可以在已经存在的库中新建元件）

3. 在第四象限的原点附近绘制元件外形

（提示：如果不在第四象限原点处绘制元件，在使用元件的时候，将出现参考点离元件很远的情况）

4. 放置元件引脚并设置引脚属性

5. 设置元件属性（名称、编号、封装等）

6. 保存元件

在绘制元件的过程中，注意"工具"菜单中两个子菜单的区别，即"新元件"和"创建元件"（有的汉化版翻译成"创建子件"），前者是创建一个新的元件，后者是创建该元件中的一个子件。

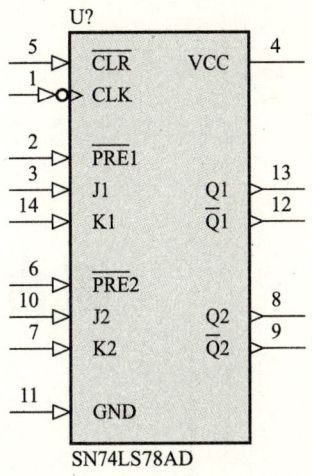

图 5-2-15 元件 SN74LS78AD

项目实训

1. 新建一个元件库，库名为"我的库.Schlib"，在该库中创建元件"SN74LS78AD"，该元件共包含 14 个引脚，其中 1、2、3、5、6、7、10、11、14 为输入引脚，8、9、12、13 为输出引脚，4 和 11 为电源引脚，参照图 5-3。

2. 打开项目五中所创建的元件库"74XX.schlib"，在其中添加一个名为"74F74D"的器件，该器件包含 2 个子件，如图 5-4 所示。

1（Part A 下方的引脚）、2、3、4、10、11、12、13（Part B 下方的引脚）引脚为输入；5、6、8、9 引脚是输出，另外有一个电源引脚 14 为 VCC 和一个接地引脚 7 为 GND，7 和 14 是隐藏引脚。将元件的封装设置为 DIP14。

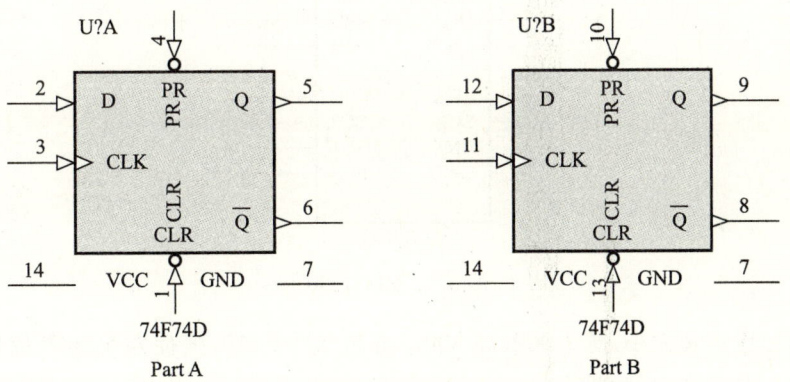

图 5-2-16 元件

项目六

综合实训键盘电路的设计

 项目描述

下面我们通过一个综合项目来巩固所学过的知识。绘制如图 6-1 所示的键盘电路图，要求如下：

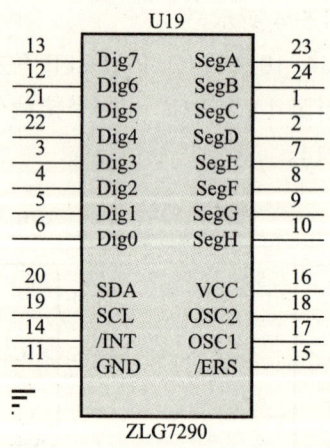

图 6-1　ZLG7290

1. 图纸为自定义大小，宽 1 000，高 800。栅格大小为 10，捕捉为 5，电气捕捉为 6。

2. 要求元件布局均匀、整齐。

3. 对于元件库中查找不到的器件（集成块 ZLG7290 和 74LV04），请自己绘制完成，均放于元件库文件"myself.SCHLIB"。

4. 进行 ERC 检查并修改所有存在的错误。

74LV04 是一个包含 6 个子件的非门集成电路，6 个子件如图 6-2 所示，其中引脚 7 和 14 是隐藏引脚。

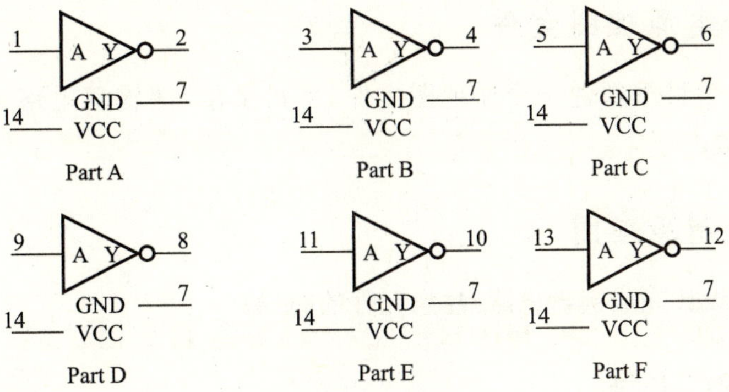

项目六 综合实训键盘电路的设计

图 6-2　74LV04

1. 具备综合运用各种菜单和工具的能力
2. 熟练使用 Protel DXP 2004 设计布局规范、合理的原理图
3. 熟练地解决在使用 Protel DXP 2004 过程中出现的问题

任务一　键盘电路的设计

任务描述

见项目描述。

任务目标

同项目目标。

任务实施

步骤1：新建设计项目

新建一个PCB设计项目，并将其保存为"键盘电路.PrjPCB"。

步骤2：新建元件库

在 PCB 设计项目下新建一个元件库文件，将其保存为"mylib.scblib"。在元件库中设计两个元件 ZLG7290 和 74LV04。ZLG7290 是一个集成块，而 74LV04 是一个包含了6个非门子件的集成块。

不要忘了设置元件的属性（引脚标号、引脚特性、元件名称、封装等）。

步骤3：新建原理图文件

在 PCB 设计项目下新建一个原理图文件，将其保存为"键盘电路.schdoc"。参照要求 1 设置图纸参数。

步骤4：绘制原理图

参照图 6-3，设计完成键盘电路，注意元件的布局。

步骤5：ERC 检查

对电路进行 ERC 检查，如果有错，请仔细检查电路图并修改，再次检查，直到正确为止。

任务评价

项　目	配分	评价标准	得分
已有知识应用	10		
新知识应用	20		
创新与实践能力	30		
学习兴趣与积极性	15		
团队协作与纪律	10		
小组评价			
教师评价			

项目小结

在用户设计原理图的过程中，会遇到一些不常用的元件在库中不存在，用户可以建立一个元件库文件，这个元件库文件中存放的就是用户自己设计的元件。

如果用户要绘制的原理图很大，则可以将其按照功能分为若干个模块，按照自顶向下或者自底向上的原则进行设计。

项目六 综合实训键盘电路的设计

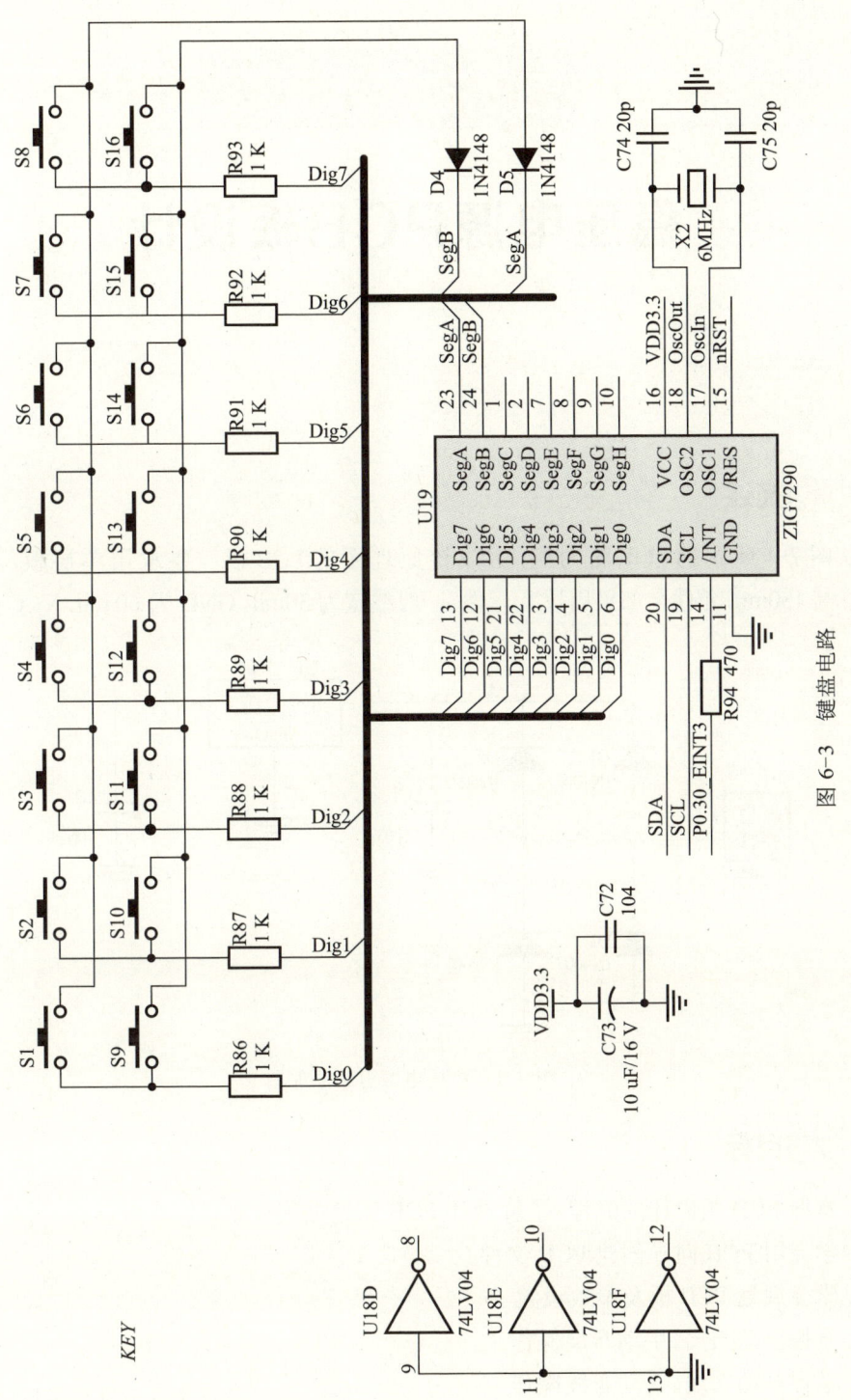

图 6-3 键盘电路

项目七

稳压电源PCB板设计

项目描述

以图 7-1 所示的原理图为例,生成该原理图的 PCB 板。要求用单层板,尺寸为宽 200mil,高 130mil,元件全部采用过孔元件,一般线宽为 30mil,GND 为 60 mil,VCC 为 50 mil。

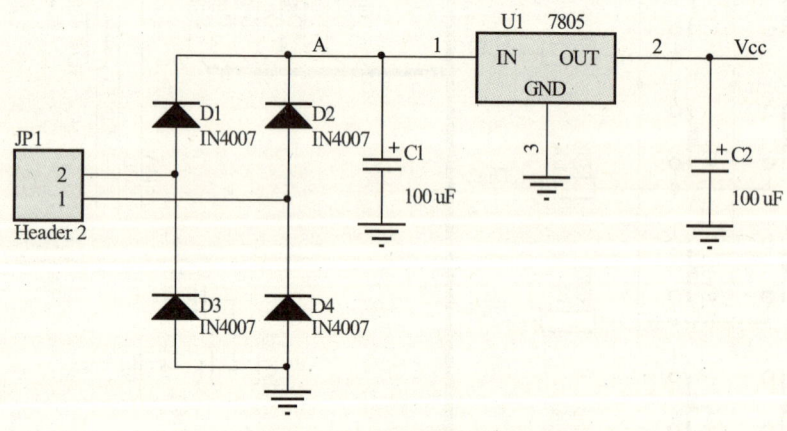

图 7-1 稳压电源电路原理图

项目目标

1. 掌握 PCB 图设计的流程,了解设计 PCB 图遵循的原则
2. 学会用 PCB 向导创建 PCB 文件
3. 学会规划 PCB 板及参数设置
4. 掌握自动布局、手动布局操作
5. 掌握自动布线、手动布线操作
6. 学会生成 PCB 报表及文件输出的操作

任务一　创建新的 PCB 文件并规划 PCB 板

任务描述

在完成创建"稳压电源.PrjPCB"项目文件后,绘制、编译完成原理图并保存为"稳压电源.SchDoc",在生成网络表文件的基础上,通过菜单操作和使用 PCB 向导在项目"稳压电源.PrjPCB"中创建一个新的 PCB 设计文件,并保存为"稳压电源.PcbDoc",且按照项目描述对 PCB 板进行参数设置。

任务目标

1. 掌握 PCB 图设计的流程,了解设计 PCB 图遵循的原则
2. 学会创建、保存 PCB 文件
3. 了解 PCB 设置各参数的意义
4. 掌握 PCB 向导的使用

步骤 1：知识准备

1. PCB 图设计流程

PCB 图的设计流程就是指印制电路板的设计步骤,一般可分为 7 个步骤:

(1) 绘制电路原理图。

(2) 创建 PCB 文件。

(3) 规划电路板。

(4) 装入元器件封装库及网络表。

(5) 元器件的布局。

(6) 布线。

(7) 文件的保存及输出。

2. PCB 设计应遵循的原则

(1) 布局应遵循的原则。

① 尽可能缩短高频元器件之间的连线,设法减少它们的分布参数和相互间的电磁干扰。易受干扰的元器件不能相互挨得太近,输入和输出元器件应尽量远离。

② 某些元器件或导线之间可能有较高的电位差,应加大它们之间的距离,以免放电引发意外短路。带强电的元器件应尽量布置在调试时手不易触及的地方。

③ 重量超过 15 g 的元器件，应当用支架加以固定，然后焊接。那些又大又重、发热量多的元器件，不宜装在印制电路板上，而应装在整机的机箱底板上，且应考虑散热问题。热敏元件应远离发热元件。

④ 对于电位器、可调电感线圈、可变电容器、微动开关等可调元件的布局应考虑整机的结构要求。若是机内调节，应放在印制电路板上方便于调节的地方；若是机外调节，其位置要与调节旋钮在机箱面板上的位置相适应。

⑤ 应留出印制电路板的定位孔和固定支架所占用的位置。

⑥ 按照电路的流程安排各个功能电路单元的位置，使布局便于信号流通，并使信号尽可能保持一致的方向。

⑦ 以每个功能电路的核心元器件为中心，围绕它来进行布局。元器件应均匀、整齐、紧凑地排列在 PCB 上，尽量减少和缩短各元器件之间的引线和连接。

⑧ 在高频下工作的电路，要考虑元器件之间的分布参数。一般电路应尽可能使元器件平行排列。这样不但美观，而且焊接容易，易于批量生产。

⑨ 位于电路板边缘的元器件，离电路板边缘一般不小于 2 mm。电路板的最佳形状为矩形，长宽比为 3∶2 或 4∶3。电路板面尺寸大于 200 mm×150 mm 时，应考虑电路板所受的机械强度。

（2）布线应遵循的原则。

① 输入和输出的导线应尽量避免相邻平行。最好添加线间地线，以免发生反馈耦合。

② 印制电路板导线的最小宽度主要由导线与绝缘基板间的粘附强度和流过它们的电流值决定。对于集成电路，尤其是数字电路，通常选 0.2～0.3 mm 导线宽度。当然，只要允许，还是尽可能用较宽的线，尤其是电源线和地线。

③ 印制电路板导线拐弯一般取圆弧形，而直角或夹角在高频电路中会影响电气性能。

步骤 2：创建 PCB 文件

1. 创建 PCB 文件

运行 Protel DXP 2004 打开"稳压电源.PrjPCB"项目文件。单击"文件"菜单，选择"创建/PCB 文件"，新建一个 PCB 文件，保存为"稳压电源.PcbDoc"，如图 7-1-1 所示。

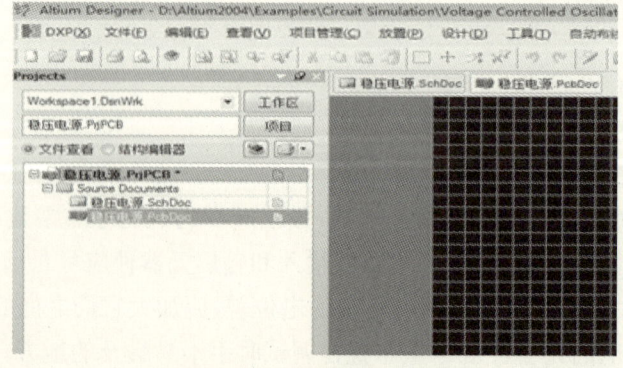

图 7-1-1　PCB 文件的创建

2. PCB板参数设置

（1）工作层设置。

单击"设计"菜单，选择PCB板层次颜色，弹出板层和颜色对话框。按任务要求使用单层板，所以可将顶层关闭，其他保留系统默认设置，如图7-1-2所示。

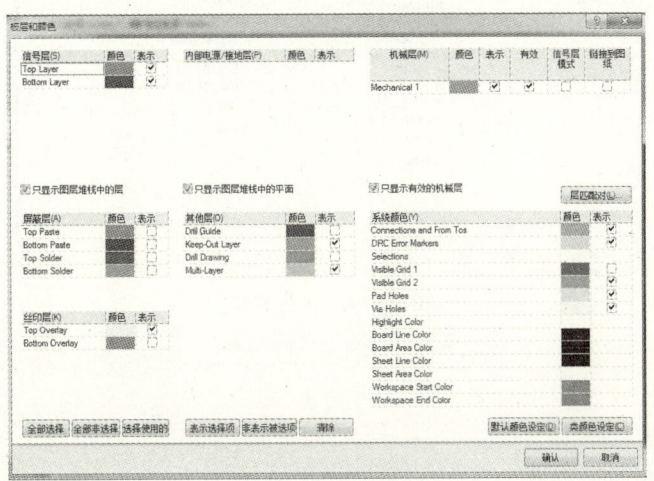

图7-1-2　板层和颜色

（2）编辑环境设置和格点设置。

单击"设计"菜单，选择PCB板选择项，系统将会出现如图7-1-3所示的PCB板选择项对话框。设置PCB板宽200mil，高130mil。

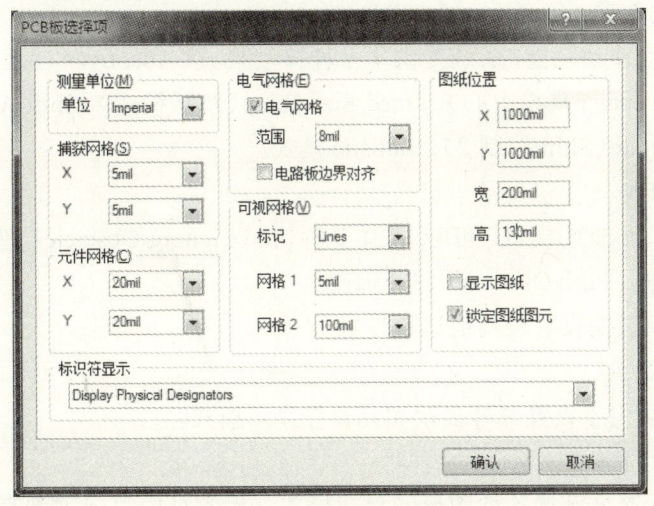

图7-1-3　PCB板选择项

（3）系统参数设置。

单击"工具"菜单，选择"优先设定"，系统将弹出如图7-1-4所示的优先设定对话框。在ProtelPCB目录下有General（一般）、Display（显示）、Show/Hide、Defaults（违规）和PCB3D这5个设置选项卡。

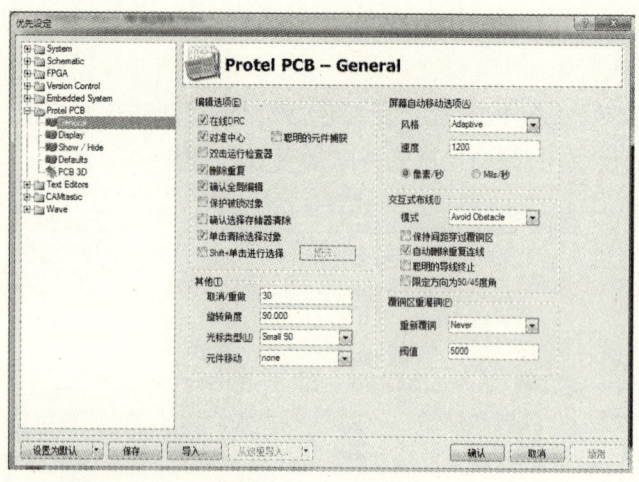

图 7-1-4　优先设定

知识链接

PCB 系统参数。

1. General 标签页

General 标签页如图 7-1-4 所示，分为 5 个区域，简述如下：

（1）编辑选项区。

该区域包括自动在线设计规则检查、光标的定位、元器件的选取、删除重复等系统设置复选框，一般选择默认状态。

（2）屏幕移动选项。

用于设置自动移动功能，系统提供了 7 种移动模式，Adaptive（自适应模式）、Disable（取消移动）、Re-Center（重设中心）、Fixed Size Jump（跳跃模式）、Shift Accelerate（Shift 控制 1）、Shift Decelerate（Shift 控制 2）、Ballistic 模式。

（3）交互式布线。

用来设置交互布线模式，可以选择 3 种方式：Ignore Obstacle（忽略障碍）、Avoid Obstacle（避开障碍）、Push Obstacle（移开障碍）。

另外还有重新敷铜设置及其他选项设置。

2. Display 标签页

Display 标签页用于设置屏幕显示和元器件显示模式。

3. Show/Hide 标签页

Show/Hide 标签页设置各种图形的显示模式。标签页中每一项都有相同的 3 种显示模式，即 Final（精细）显示模式、Draft（草图）显示模式和 Hidden（隐藏）显示模式。

4. Defaults 标签页

Defaults 标签页用于设置各个图元的系统默认设置。各个图元包括 Arc（圆弧）、Component（元器件封装）、Coordinate（坐标）、Dimension（尺寸）、Fill（金属填充）、Pad（焊盘）、polygon（敷铜）、String（字符串）、Track（铜膜导线）、Via（过孔）等。

3. 使用 PCB 向导来创建 PCB

（1）在 Files 面板的底部根据模板新建单元，点击 PCB Board Wizard 创建新的 PCB 文件（如果这个选项没有显示在屏幕上，点向上的箭头图标关闭上面的一些单元）。

（2）打开 PCB Board Wizard，首先看到的是介绍页，如图 7-1-5，点下一步。

（3）如图 7-1-6，设置度量单位，根据任务要求设为英制（Imperial），注意，1 000 mils = 1 inch。（公制单位为 mm）点击下一步。

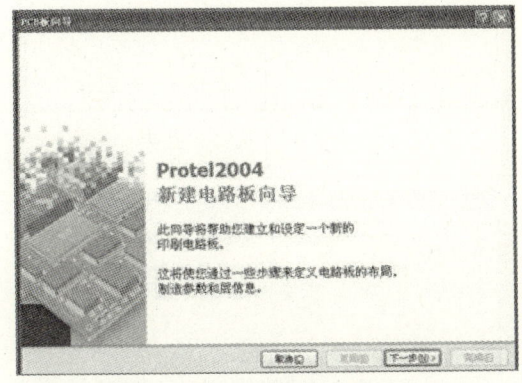

图 7-1-5　PCB 向导

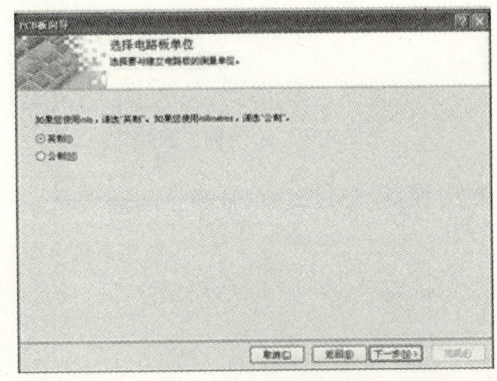

图 7-1-6　设置度量单位

（4）选择使用的板轮廓如图 7-1-7，自定义的板子尺寸，从板轮廓列表中选择"Custom"，点击下一步。进入自定义板选项如图 7-1-8，设宽为 200 mil，高为 130 mil，其他默认，点击下一步。

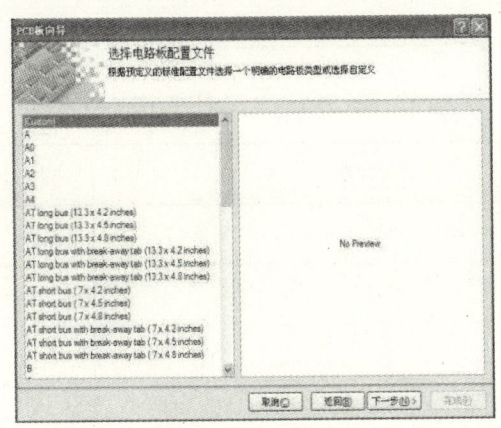

图 7-1-7　选择轮廓

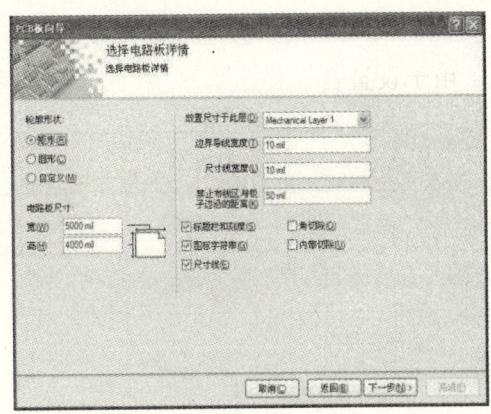

图 7-1-8　自定义

（5）选择板子的层数，如图 7-1-9。选择信号层 2 个，不设电源层，点击下一步。

（6）在设计中使用的过孔样式，选择穿透式导孔，如图 7-1-10，点击下一步。

（7）设置元件和布线技术，选择穿孔元件选项，将相邻焊盘（pad）间的导线数设为 1，如图 7-1-11，点击下一步。

（8）设置导线、过孔、安全间距，如图 7-1-12。

（9）最后将自定义的板子保存为模板，点击完成关闭向导。

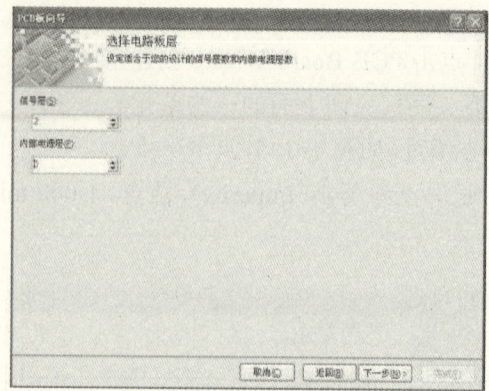

图 7-1-9　选择板子的层数

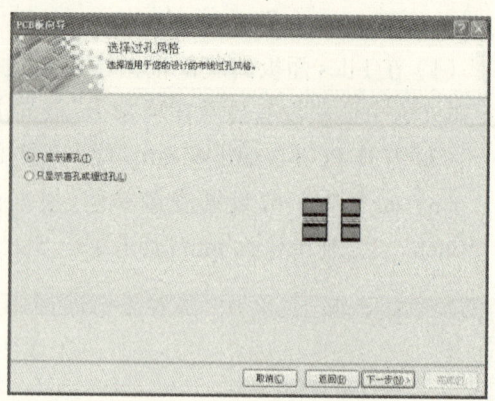

图 7-1-10　选择过孔类

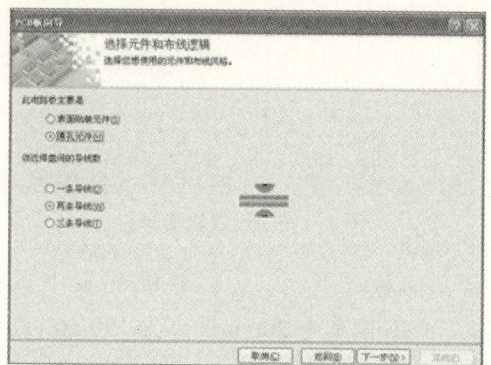

图 7-1-11　设置元件与布线

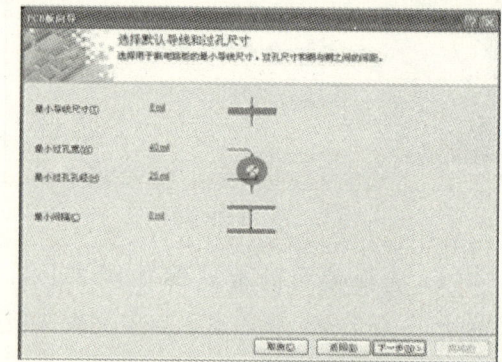

图 7-1-12　设置导线、过孔等

项　目	配分	评价标准	得分
已有知识应用	10		
新知识应用	20		
创新与实践能力	30		
学习兴趣与积极性	15		
团队协作与纪律	10		
小组评价			
教师评价			

任务二　稳压电源 PCB 板的设计

任务描述

根据项目描述的要求,在完成任务一的基础上。完成稳压电源 PCB 板的设计。

任务目标

1. 熟悉 PCB 界面及 PCB 工具栏
2. 掌握印制板的规划操作
3. 掌握工具栏的使用,学会手动制作 PCB 板图
4. 学会自动布局和布线

任务实施

步骤 1:规划印制板

运行 Protel DXP 2004 打开"稳压电源.PrjPCB"项目文件及"稳压电源.PcbDoc"文件。

1. 绘制电路板物理边界

(1) 单击 PCB 编辑器窗口下部工作层转换按钮,将当前工作层转换到机械层 Mechanical1。

(2) 单击工具栏中的"设定原点"图标,或者单击"编辑"菜单,选择"原点"/"设定"。在十字光标状态下在 PCB 编辑器的工作区的左下角某处单击一下,该点就被定义为相对坐标原点(0,0),沿此点往右为＋X 轴,往上为＋Y 轴。(按 Ctrl＋Eed 可回到原点)

(3) 单击工具栏上的"放置直线"图标,设置边框线。此时光标连着十字形,表示处于划线状态,在刚定义的原点处单击鼠标左键确定连线起点,然后按一下键盘上的 J 键,再按一下 L 键,屏幕弹出坐标跳跃对话框,如图 7-2-1 所示。点击 OK,单击左键确定,一条边界就画好了,重复此操作,画一个矩形框,如图 7-2-2 所示。

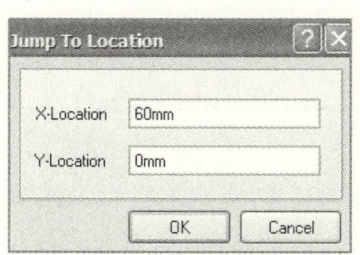

图 7-2-1　坐标跳跃对话框

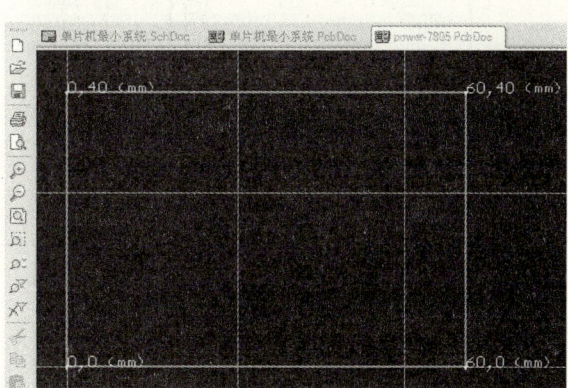

图 7-2-2　绘制物理边界

知识链接

1. 在 PCB 编辑器中有三种类型的层

（1）电气层：包括 32 个信号层和 16 个平面层。电气层在设计中添加或移除是在板层管理器中，选择 Design/Layer Stack Manager 来显示这个对话框。

（2）机械层：有 16 个用途的机械层，用来定义板轮廓、放置厚度，包括制造说明或其他设计需要的机械说明。这些层在打印和底片文件的产生时都是可选择的。在 Board Layers 对话框可以添加、移除和命名机械层。

（3）特殊层：包括顶层和底层丝印层、阻焊和助焊层、钻孔层、禁止布线层（用于定义电气边界）、多层（用于多层焊盘和过孔）、连接层、DRC 错误层、栅格层和孔层。在 Board Layers 对话框中控制这些特殊层的显示。

2. 绘制电路板的电气边框

电气边界用来限定布线及各元器件的放置范围，与规划物理边界方法相同，小于等于物理边框，应画在禁止布线层 Keep-Out Layer。

步骤 2：加载元件封装库及网络表

1. 加载元件封装库

除了 Protel DXP 2004 默认加载的常用封装库外，电路中三端稳压还需用到 ST Power Mgt Voltage Regulator.IntLib。打开库面板，点击 Library 进行加载。

2. 加载网络表及元件

在 PCB 编辑界面单击"设计"菜单，选择"Import Changes Form 稳压电源.PrjPCB"命令后，将会弹出如图 7-2-3 所示的"工程变化订单"对话框。

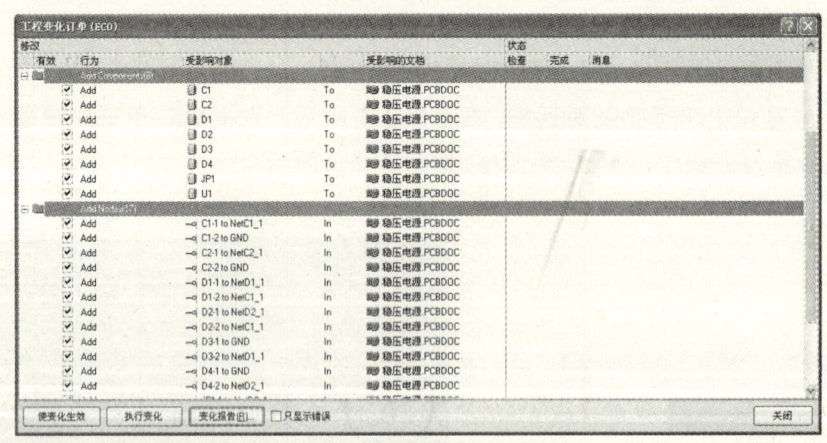

图 7-2-3 工程变化订单对话框

单击"使变化生效"按钮后，将弹出如图 7-2-4 所示对话框，在状态栏"Check"一列中出现 ✓ 说明装入的元器件正确，出现 ✗ 说明有问题，有可能是元件所在库没有加载，回到原理图检查。"检查"状态栏全部为 ✓ 后，可以进行下一步操作。

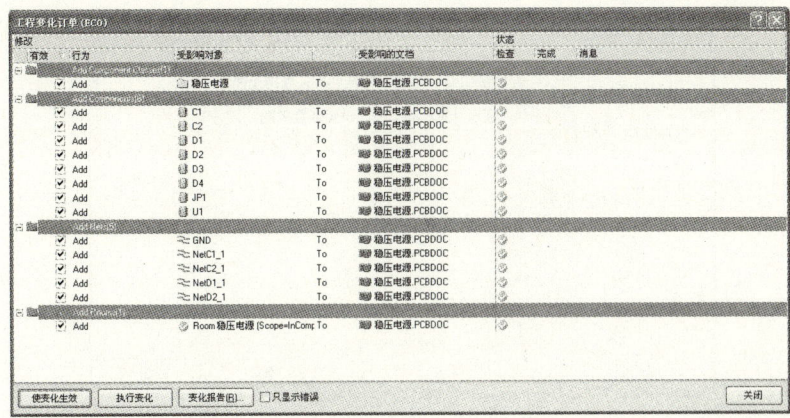

图 7-2-4　元器件全部正确的网络变化对话框

单击"执行变化"按钮,出现如图 7-2-5 所示检查正确界面。

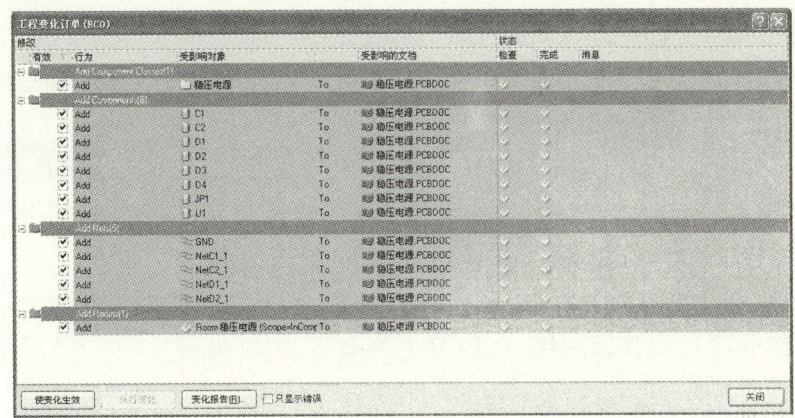

图 7-2-5　检查正确

单击"关闭"按钮,按"Page Down"键缩小显示窗口,即可看见载入的元件和网络飞线,如图 7-2-6 所示。

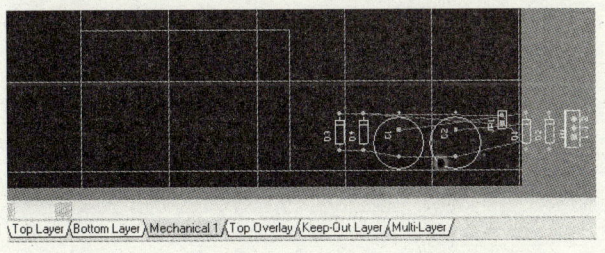

图 7-2-6　加载网络表和元件后的 PCB 编辑器

步骤 3:元件布局

1. 自动布局

单击"工具"菜单,选择"放置元件/自动布局",弹出图 7-2-7 所示的自动布局对话框。

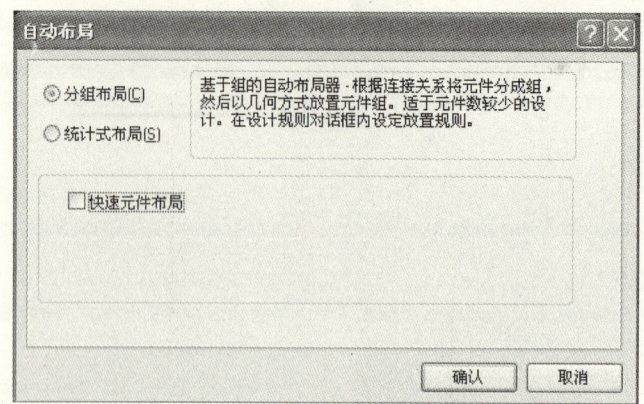

图 7-2-7 自动布局对话框

在自动布局对话框中提供了两种自动布局方式,每种方式均采用不同的计算、优化元件位置的方法。

分组布局,适合于元件数量较少的 PCB 设计。

统计式布局,适合于元件数量较多的 PCB 设计。该种方式使用统计算法来放置元件,是元件间采用最短的导线来连接。

本项目选择分组布局自动布局方式,单击确定按钮,系统开始自动布局。自动布局后飞线往往很乱,为了使飞线反映元件之间真实的连接情况,单击"设计"菜单,选择"网络表/清除全部网络"命令,弹出如图 7-2-8 所示 Confirm(确认)对话框,单击"Yes",系统开始自动整理网络,在 PCB 上将显示飞线,如图 7-2-9 所示。

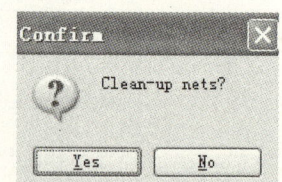

图 7-2-8 Confirm 对话框

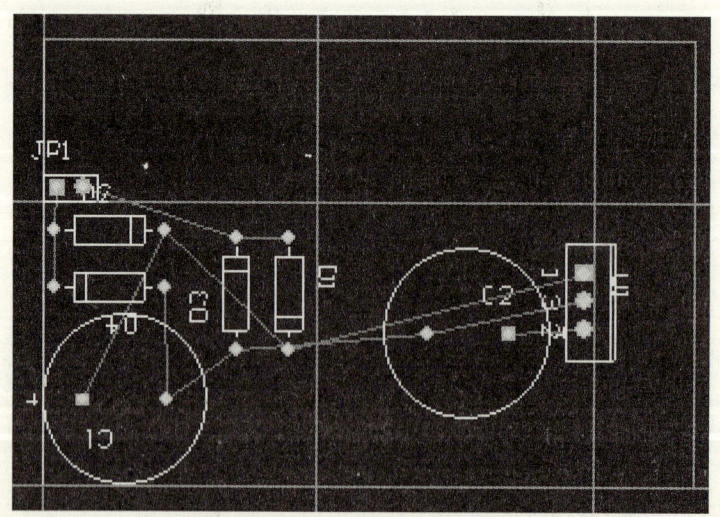

图 7-2-9 清理后的自动布局效果

2. 手工调整元件布局

自动布局后的结果不太令人满意,还需要用手工布局的方法,重新调整元件的布局,使之在满足电气功能要求的同时,更加优化、美观。

手工调整元件布局,包括元件的选取、移动和旋转等操作。经过手工调整方式的调整后,稳压电源电路的布局如图7-2-10所示。

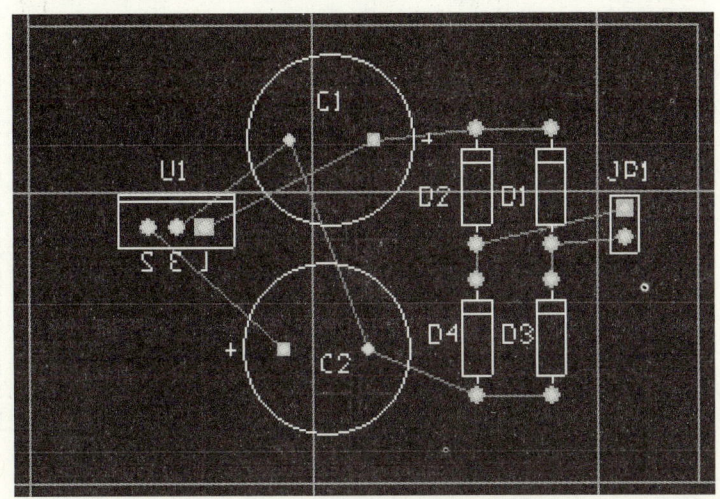

图 7-2-10 手工调整后的电源电路 PCB

步骤 4:布线

1. 设置自动布线规则

要采用自动布线,必须根据设计要求,首先设置好布线规则,然后 PCB 编辑器才能按照预设的布线规则自动地完成导线的绘制。

本任务中布线规则一般只对导线宽度和布线层面的选择进行设置,其他采用默认参数。

(1)设置导线宽度规则 Width。

在电路板中,导线宽度关系到电路板的可靠性和布线难度,导线宽度太窄,一方面,铜箔导线在焊接以及长期的使用过程中容易脱落、断裂,特别对于高压、大电流的导线,如电源、接地线太窄,可能造成铜箔导线电流过大而烧毁电路板等后果;另一方面,导线太窄也造成电路板厂家制作困难,成本提高。但导线宽度也不是越宽越好,导线越宽,自动布线时走线越困难,布通率越低。因此在自动布线前,必须根据实际情况和具体设计要求合理设置自动布线时的导线宽度。

为了满足不同网络导线宽度的不同要求,同时为了不使电路板面积过大,我们可以采取同时设置几个导线宽度规则的办法:一般先设置一个整体电路板导线宽度的普通规则,然后根据实际情况对于大电流的个别网络导线分别设置较大的导线宽度。一般导线宽度设置如图 7-2-11 所示。

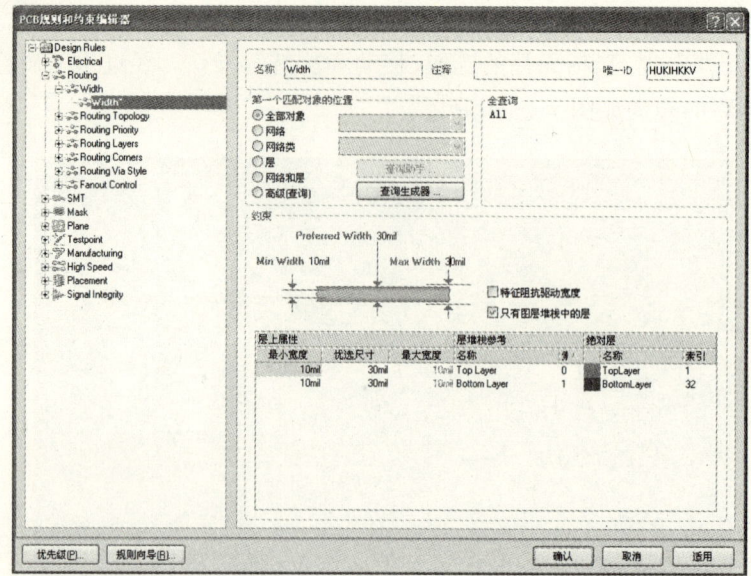

图 7-2-11　设置一般导线宽度

对于大电流网络我们必须单独设置导线宽度规则,如电源、接地网络等,本任务中设地线 GND 导线宽度为 60 mil(最大 80 mil,最小 50 mil),电源 VCC 导线宽度为 50 mil(最大 60 mil,最小 40 mil),操作方法如下:

在导线宽度设置对话框中,选中 Width 规则项,单击鼠标右键,将弹出浮动菜单,选中 New Rule 新规则菜单,将在原 Width 规则项上增加一个 Width1 新导线宽度规则设置项,如图 7-2-12 所示。

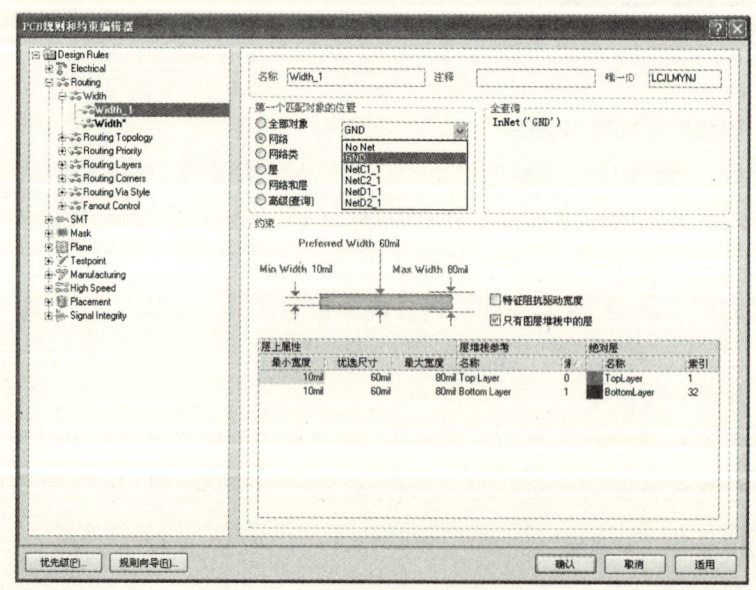

图 7-2-12　设置新导线宽度规则

（2）设置布线层面规则 Routing Layers。

系统默认设置为双面板，即信号层为顶层和底层，其中顶层布线方向默认为水平方向，底层布线方向默认为垂直方向。如果要制作单面板，布线层面可设置为顶层不使用，底层布线方向没有限制。

在自动布线规则设置对话框中，点击 Routing Layers 布线层面选项，将弹出如图 7-2-13 所示的布线层面设置对话框。去掉 Top Layer 布线层后面复选框的对号即可。

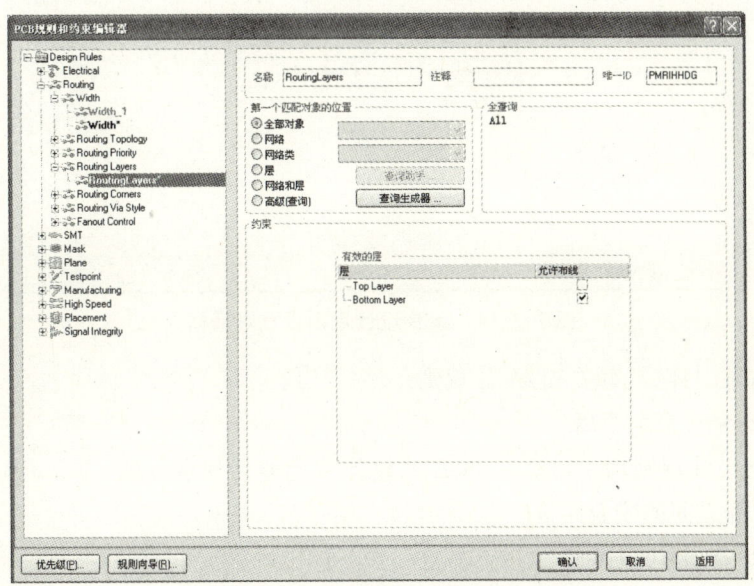

图 7-2-13　布线层面设置对话框

知识链接

设计规则和约束编辑。

单击"设计"菜单，选择"规则"，出现如图 7-2-14 所示的 PCB 规则和约束编辑器对话框。设计规则是 PCB 设计的基本规则。在 PCB 的设计过程中执行任何一个操作，都是在设计规则允许的情况下进行的，设计规则是否合理将直接影响布线的质量和成功率。设计规则的合理性在很大程度上依靠设计者的设计经验。

Protel DXP 2004 中分为 10 个类别的设计规则，覆盖了电气、布线、制造、放置、信号完整性要求等，但其中大部分都可以采用系统默认的设置，设计者真正需要设置的规则并不多，必须根据具体的电路板的要求而设定。

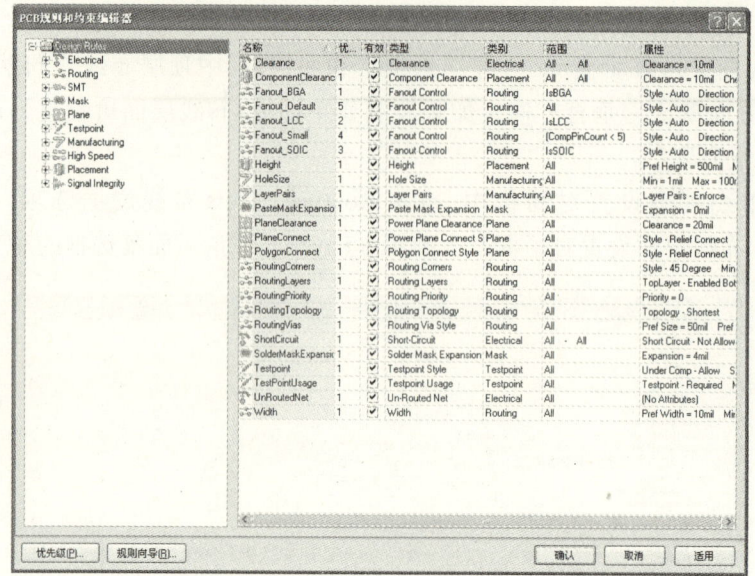

图 7-2-14　PCB 设计规则设置对话框

1. Electrical（与电气有关）的设计规则

（1）Clearance（安全距离）。

Clearance 设计规则用于设定在 PCB 的设计中元器件封装导线、导孔、焊盘、矩形敷铜填充等组件相互之间的安全距离。

（2）Short-Circuit（短路）。

Short-Circuit 设计规则设定电路板上的导线是否允许短路。默认设置为不允许短路。

（3）Un-Routed Net（没有布线网络）。

Un-Routed Net 设计规则用于检查指定范围内的网络是否布线成功，布线不成功的，该网络上已经布的导线将保留，没有成功布线的将保持飞线。

（4）Un-Connected Pin（没有连接的引脚）。

该规则用于检查指定范围内的元器件封装的引脚是否连接成功。

2. Routing（与布线有关）的设计规则

（1）Width（导线宽度）。

Width 设计规则给出了三个宽度约束，即 Max Width（最大）、Preferred Width（优先）、Min Width（最小），单击每个宽度栏并键入数据即可对其进行修改。注意的是在修改 Min Width 值之前必须先设置 Max Width 宽度栏。

（2）自动布线。

单击"自动布线"菜单，选择"全部对象"，弹出如图 7-2-15 所示的自动布线策略选择对话框，一般采用默认第一项参数即可。点击"Route All"布所有导线按钮，将启动自动布线过程，本例中元件较少，布线速度很快，自动布线过程中弹出如图 7-2-16 所示的自动布线信息报告栏和图 7-2-17 所示的自动布线结果。

项目七　稳压电源 PCB 板设计

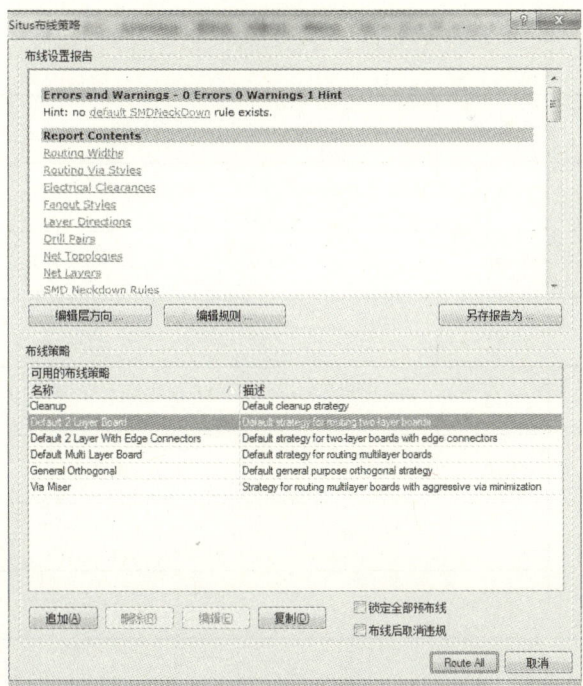

图 7-2-15　自动布线策略选择对话框

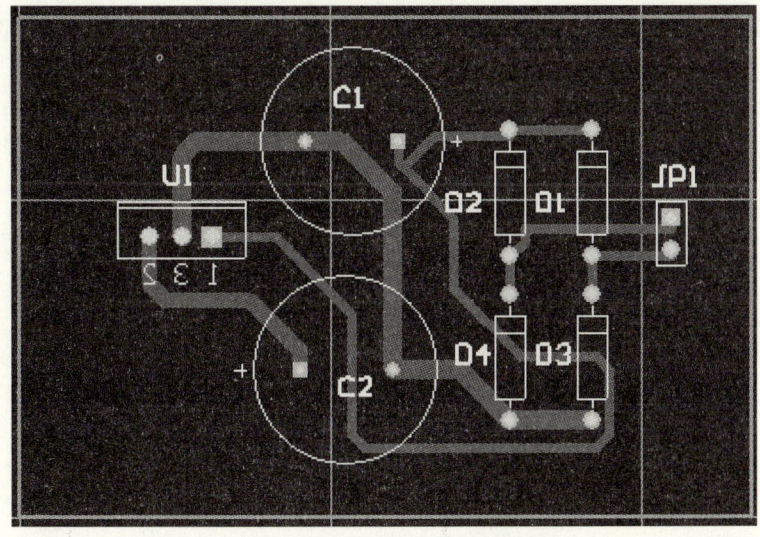

图 7-2-16　自动布线信息报告栏

图 7-2-17　自动布线结果

任务评价

项　目	配分	评价标准	得分
已有知识应用	10		
新知识应用	20		
创新与实践能力	30		
学习兴趣与积极性	15		
团队协作与纪律	10		
小组评价			
教师评价			

项目小结

1. PCB 图设计流程

PCB 图设计流程就是指印制电路板图的设计步骤，一般分为 7 个步骤。

（1）绘制电路原理图。

主要工作是使用原理图编辑器绘制电路原理图，并编译生成网络表。

（2）创建 PCB 文件。

通过创建 PCB 文件，调出 PCB 编辑器，进行设计工作。

（3）规划电路板。

绘制 PCB 之前，要对电路板进行规划，包括定义电路板的尺寸及形状、设定电路板的板层及设置参数等。

（4）装入元器件封装库及网络表。

（5）元器件的布局。

（6）布线。

（7）文件的保存及输出。

项目实训

制作如图 7-2-18 所示的多谐振荡器 PCB 板，要求制作单面板，PCB 板尺寸为 60 mm（2380 mil）×40 mm（1580 mil）。

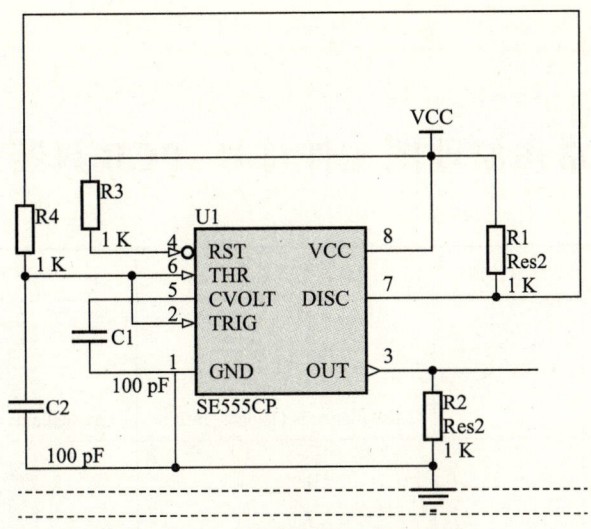

图 7-2-18 振荡器的电路原理图

附录1 常用原理图元件符号、PCB封装及所在库

序号	元件名称	封装名称	原理图符号及库	PCB封装形式及库
1	Battery 直流电源	BAT-2	BT? Battery Miscellaneous Devices. IntLib	Miscellaneous Devices PCB. PcbLib
2	Bell 铃	PIN2	LS? Bell Miscellaneous Devices. IntLib	Miscellaneous Connector PCB. PcbLib
3	Bridge1 二极管整流桥	E-BIP-P4/D	D? Bridge1 Miscellaneous Devices. IntLib	Bridge Rectifier. PcbLib
4	Bridge2 集成块整流桥	E-BIP-P4/x	D? Bridge2 Miscellaneous Devices. IntLib	Bridge Rectifier. PcbLib
5	Buzzer 蜂鸣器	PIN2	LS? Buzzer Miscellaneous Devices. IntLib	Miscellaneous Connector PCB. PcbLib
6	Cap 无极性电容	RAD-0.3	C? Cap Miscellaneous Devices. IntLib	Miscellaneous Devices PCB. PcbLib
7	Cap 极性电容		C? Cap Pol1 100pF	

附录1 常用原理图元件符号、PCB封装及所在库

续表

序号	元件名称	封装名称	原理图符号及库	PCB封装形式及库
8	Electro 1 电解电容	RB-.2/.4	ELECTRO1 (99) Miscellaneous Devices.Lib	(99) Miscellaneous.ddb
9	Cap Semi 贴片电容	C3216-1206	Cap Miscellaneous Devices.IntLib	Miscellaneous Devices PCB.PcbLib
10	D Zener 稳压二极管	DIODE-0.7	D Zener Miscellaneous Devices.IntLib	Miscellaneous Devices PCB.PcbLib
11	Diode 二极管	DSO0C2/X	Diode Miscellaneous Devices.IntLib	Small Outline Diode - 2 C-Bend Leads.PcbLib
12	Dpy RED-CA 数码管	DIP10	Dpy Red-CA Miscellaneous Devices.IntLib	Miscellaneous Devices PCB.PcbLib
13	Fuse 2 熔断器	PIN-W2/E	Fuse 2 Miscellaneous Devices.IntLib	Miscellaneous Devices PCB.PcbLib
14	Inductor 电感	C1005-0402	Inductor 10 mH Miscellaneous Devices.IntLib	Miscellaneous Devices PCB.PcbLib
15	JFET-P 场效应管	CAN-3/D	JFET-P Miscellaneous Devices.IntLib	Vertical, Single-Row, Flange Mount with Tab.PcbLib

续表

序号	元件名称	封装名称	原理图符号及库	PCB 封装形式及库
16	Jumper 跳线	RAD-0.2	Jumper Miscellaneous Devices. IntLib	Miscellaneous Devices PCB. PcbLib
17	Header5 单排插针	HDR1X5	Header 5 Miscellaneous Connectors. IntLib	Miscellaneous Connector PCB. PcbLib
18	Lamp 灯	PIN2	Lamp Miscellaneous Devices. IntLib	Miscellaneous Connector PCB. PcbLib
19	LED1 发光二极管	LED-1	LED1 Miscellaneous Devices. IntLib	Miscellaneous Devices PCB. PcbLib
20	MHDR2×4 双排插针	MHDR2×4	MHDR2X4 Miscellaneous Connectors. IntLib	Miscellaneous Connector PCB. PcbLib
21	Mic2 麦克风	DIP2	Mic2 Miscellaneous Devices. IntLib	Miscellaneous Connector PCB. PcbLib
22	Motor Serxo 伺服电机	RAD-0.4	Motor Serv Miscellaneous Devices. IntLib	Miscellaneous Devices PCB. PcbLib

附录1 常用原理图元件符号、PCB封装及所在库

续表

序号	元件名称	封装名称	原理图符号及库	PCB封装形式及库
23	NPN 三极管	BCY-W3	NPN Miscellaneous Devices. IntLib	Cylinder with Flat Index. PcbLib
24	Op Amp 运放	CAN-8/D	Op Am Miscellaneous Devices. IntLib	CAN - Circle pin arrangement. PcbLib
25	Phonejack2 插孔	PIN2	Phonejack2 Miscellaneous Connectors. IntLib	Miscellaneous Connector PCB. PcbLib
26	Phone PNP 感光三极管	SFM-T2/X	Photo PNP Miscellaneous Devices. IntLib	Vertical, Single-Row, Flange Mount with Tab. PcbLib
27	Phone Sen 感光二极管	PIN2	Photo Sen Miscellaneous Devices. IntLib	Miscellaneous Connector PCB. PcbLib
28	PNP 三极管	SO-G3/C	PNP Miscellaneous Devices. IntLib	SOT 23. PcbLib
29	Relay SPST 继电器	DIP-P4	Relay-SPST Miscellaneous Devices. IntLib	DIP - Peg Leads. PcbLib

续表

序号	元件名称	封装名称	原理图符号及库	PCB 封装形式及库
30	Res2 电阻	AXIAL-0.4	R? Res2 1K Miscellaneous Devices.IntLib	Miscellaneous Devices PCB.PcbLib
31	Rpot2 电位器	VR2	R? RPot2 1K Miscellaneous Devices.IntLib	Miscellaneous Devices PCB.PcbLib
32	SCR 晶闸管	SFM-T3	Q? SCR Miscellaneous Devices.IntLib	Vertical, Single-Row, Flange Mount with Tab.PcbLib
33	Speaker 喇叭	PIN2	LS? Speaker Miscellaneous Devices.IntLib	Miscellaneous Connector PCB.PcbLib
34	SW-DIP4	DIP-16	S? SW-DIP8 Miscellaneous Devices.IntLib	Dual-In-Line Package.PcbLib
35	SW-PB 按钮	SPST-2	S? SW-PB Miscellaneous Devices.IntLib	Miscellaneous Devices PCB.PcbLib
36	SW-SPDT 单刀双掷开关	SPDT-3	S? SW-SPDT Miscellaneous Devices.IntLib	Miscellaneous Devices PCB.PcbLib
37	SW-SPST 开关	SPST-2	S? SW-SPST Miscellaneous Devices.IntLib	Miscellaneous Devices PCB.PcbLib

附录1 常用原理图元件符号、PCB封装及所在库

续表

序号	元件名称	封装名称	原理图符号及库	PCB封装形式及库
38	Trans Ideal 变压器	TRF-4	Trans Ideal Miscellaneous Devices. IntLib	Miscellaneous Devices PCB. PcbLib
39	Triac 双向可控硅	SFM-T	Triac Miscellaneous Devices. IntLib	Vertical, Single-Row, Flange Mount with Tab. PcbLib
40	XTAL 晶振	BCY-W2/D3.1	XTAL Miscellaneous Devices. IntLib	Crystal Oscillator. PcbLib
41	L7805AC-V 三端稳压	SFM-T3/E 10.4v	L7805AC-V ST Power Mgt Voltage Regulator. IntLib	Vertical, Single-Row, Flange Mount with Tab. PcbLib
42	LM741CN 集成运放	DIP-8	LM741CN NSC Operational Amplifier. IntLib	Dual-In-Line Package. PcbLib

附录2　Protel DXP 常用快捷键

操　作	快　捷　键
将浮动图件水平翻转	X
将浮动图件上下翻转	Y
将浮动图件旋转 90°	空格（Space）
启动浮动图件的属性窗口	Tab
放大窗口显示比例	Page Up
缩小窗口显示比例	Page Down
以光标为中心缩小（放大）画面	Ctrl ＋ 鼠标滚轮
上下移动画面	鼠标滚轮
左右移动画面	Shift ＋ 鼠标滚轮
显示滑动小手并移动画面	单击并按住鼠标右键
以光标位置为中心，刷新屏幕	Home
选择对象	点击鼠标左键
选择相同对象	右击鼠标并选择 Find Similar
清除当前过滤的对象	Shift ＋ C
删除点取的元件（1 个）	Delete
取消所有被选取图件的选取状态	X ＋ A
复制选取图件	Ctrl ＋ C
粘贴	Ctrl ＋ V
在打开的各个设计文件文档之间切换	Ctrl ＋ Tab
弹出 view\toolbars 子菜单	B
弹出 edit 菜单	E
弹出 file 菜单	F
弹出 place 菜单	P
弹出 view 菜单	V

参考文献

[1] 王廷才,王崇文.电子线路计算机辅助设计(Protel 2004)[M].北京:高等教育出版社,2012。